藉用遊戲力，輕鬆突破0－3歲育兒撞牆期

柯佩岑×林婉婷著

——透過情境與遊戲練習，培養出好帶、不失控的寶貝

推薦序

找到對應方式，帶領孩子更輕鬆

0~3歲是個非常忙碌的階段，不論在認知、情緒、大小動作或是社會互動上，都進展得非常快速，孩子透過不斷的「玩」、「探索」等方式學會自身能力。但在這個過程中，許多孩子會出現「能做」的事情跟不上「想做」的事情，想做的事情不知道怎麼做，也不知道怎麼說，導致情緒的產生，進而造成自信心的不足，養成逃避的習慣。因此我們在這段時期中適時的引導及鼓勵孩子，累積經驗及學習解決技巧就變得相當重要。

本書透過實際的例子，引導讀者們從中了解每個事件發生的原因，分別對於每個原因提供解決的方向及訓練方式，讓我們更能「對症下藥」的幫助孩子學習，讓孩子的改變不是一時的，而是在未來的學習上都能有所改變，甚至為將來出社會後的成功打下重要的基礎。

此外，本書還透過不同角度來發現事件發生的原因，讓我們更了解情緒的背後其實藏著不同的細節，並且不僅僅是協助孩子學習，更溫馨的提醒大人們如何照顧好自己的身心狀態，讓事件的參與者都能處於最好的狀態！除此之外，本書更提供了許多小遊戲，讓我們平時就可以透過「玩」來讓孩子學習更多的經驗！

最後，感謝作者撰寫了這本淺顯易懂的攻略書，讓我們面對孩子的情緒時，能夠快速且有架構的帶領孩子走出情緒，而不是變成雙方的負擔！

李柏翰
職能治療師／馬術治療師

推薦序

這樣陪孩子「玩」不心累

常常聽家長說：「在家陪孩子玩都已經不知道要玩什麼了，老師有沒有什麼建議呀？」「我家小朋友好愛生氣好愛哭，是不是要帶他去看醫生啊？」

各位爸爸媽媽先別急著緊張，負面情緒對孩子們來說都很正常。想想我們自己的人生歷程裡，也包含了各式各樣的情緒，這樣的我們才是完整的樣貌。而孩子們在語言還沒能好好表達的時候，我們猜不出來，他們也表達不出來，當雙方都無法理解，就很有可能大家一起大爆炸了。

在家陪伴孩子是很多父母既開心又心累的事，看著孩子們成長很有成就感，但也有很多時候，爸爸媽媽已經竭盡所能的陪伴孩子，卻依然手足無措。正在呀呀學語的孩子，這時候更需要大人們的耐心跟陪伴，在有限的時間內做有質量的互動，找到有趣又好玩的活動，試試看不同於以往跟孩子溝通的方式，找出與孩子之間屬於自己的語言，讓孩子跟自己一起累積不一樣的生命經驗，也讓這些陪伴更有價值。

「玩」是從我們小時候便開始慢慢發展的技能，從輕鬆有趣的「玩」中探索跟學習，這本書特地為0～3歲的孩子們設計，有簡單的情境案例分享，協助父母更理解孩子的行為模式，也給家長一些小小的建議，讓爸爸媽媽多發現孩子的天生氣質，給予適合的引導和協助。除此之外，提供多樣性的遊戲也是這本書很重要的內容，讓爸爸媽媽在平時就能跟孩子們「好好玩」在一起。

如果你也忘記「玩」可以帶給我們什麼，很推薦爸爸媽媽跟著書慢慢開始，進而跟孩子們發展出屬於自己的遊戲內容，或許我們會發現，原來跟孩子一起「玩」，也可以得到放鬆跟生活中的彈性。

廖珮岐
音樂治療師

作者序

柯佩岑（PIZZA 老師）

出生於南投縣的淳樸小鎮，自幼就喜歡繪本故事、益智玩具，擁有創造力、想像力和活動力的人格特質。成為兒童產業工作者之後，也就將自我的專長，轉換為多元的教學媒介，包含兒童語言發展與教學活動設計，親子溝通技巧與引導，親子共讀與故事教學……等。期待成長在新時代的孩子們，擁有更多的無限可能，創造屬於自己的美好世界！

學歷：

台北市立教育大學溝通障礙教育／語言治療研究所

東吳大學德國文化學系

經歷：

長庚科技大學幼保系講師

中原大學特教系講師

長靴貓繪本館館長

台灣表達性藝術與跨專業助人者協會理事

粉絲專頁：

https://www.facebook.com/teacherpizzako

林婉婷（小婉老師）

小婉老師是臨床心理師、藝術治療師和兩個孩子的媽，在兒童與家庭領域工作了十幾年，一直覺得治療師的工作很困難，但當了媽才發現怎麼樣也比不上當媽那樣挑戰。當媽媽（或爸爸）已經這麼困難了，如果有現成的活動可以拿來陪伴孩子的時候用，豈不是好棒棒！於是這本書就誕生了……書裡的遊戲內容都是我們兩位老師絞盡腦汁、陪伴孩子與個案的心血，如果能讓各位家長們育兒路上更愉快順利，那就太好了！

學歷：

輔仁大學臨床心理學研究所

澳洲昆士蘭大學心理衛生研究所藝術治療組

經歷：

米露谷心理治療所板橋館所長

忠義育幼院藝術治療師

粉絲專頁：

Art Talks 藝術的力量—林婉婷藝術治療師／臨床心理師

https://www.facebook.com/ArtTalks/

前言
與家長的對話，寫在開始之前

還記得小時候玩積木的感覺嗎？從大人手中接到禮物，打開盒子的那一瞬間，映入眼簾的是繽紛的積木塊，盪漾在臉上的是滿足的笑容與驚嘆。這樣的感動與快樂，是否與迎接孩子呱呱墜地的時刻一樣，令人難以忘懷？

然而，隨著孩子的成長，就像我們想要精心設計一座積木城堡一般，所邁出的每一步，都是疊出美麗城堡的重要基礎。爸爸媽媽們希望這樣一座積木城堡，是有創意的、堅固的、擁有特色的、充滿歡樂的……我們擁有無限的想像與希望，這更是支持爸爸媽媽們，持續為了自家寶貝成長而努力的動力來源。

但是，成長路上一定會有各種考驗與挑戰，遇到狀況題時，如何應對與解題，也成了現代父母的必修學分之一。相信現代的爸爸媽媽們，都願意以更加開放的心胸，容納各類知識與資訊，以更加靈活的思維，整合各種育兒技巧。

在本書中，我們針對生活主場景中常見的二十三種狀況，彙整為故事，分享給家長們。在獲得家長同感之時，也針對這一個狀況，提供爸爸媽媽們觀察孩子行為的方法和建議。當我們更加了解孩子行為表現與發展歷程後，如何在家中進行增能活動，就成了親子互動的重要媒介。

家庭活動分為六大領域，爸爸媽媽們可以針對自家寶貝的需要，找尋適合的遊戲類型，讓家庭生活更加豐富。當然我們相信，聰明又有創意的爸爸媽媽們，一定也會靈活使用遊戲，讓它更適合自家生活型態！育兒過程如同搭建積木城堡一般，我們和孩子一起分享積木塊，一起享受堆疊的樂趣。當城堡建構完成的那一刻，也別忘了，給予彼此一個大大的擁抱，說聲「有你，真好」！

PART 1 0～3歲幼兒社會情緒發展

目錄

PART 2

家庭活動與目標能力訓練

目錄

PART 1

0～3歲幼兒社會情緒發展

（情境解說）

情境故事一

一歲半的萱萱，剛學會走路不久，在家總是靜不下來，家中已經貼滿了防撞條了，她也還是總能撞個滿頭包。爸媽在家中想要陪著萱萱玩，但萱萱總是東玩一下西摸一點，幾乎沒有一樣玩具能夠玩超過五分鐘的，完全無法專心，讓總是跟在她身後的大人跟得好累呀！這樣的情形到了戶外更是嚴重了，萱萱走路速度雖然還不是很快，但她會將大人牽著的手甩開，自己一味地往前走，橫衝直撞的讓爸媽好傷腦筋，而且這樣的情形也同樣會出現在車站、餐廳、大賣場等等地點。萱萱似乎眼中都沒有別人，只顧自己想玩的，但她好像也不是真的想玩什麼，往往都是摸個兩三下就又移動到下一個目標，大人也難以預測，只得一路緊盯著她，生怕發生危險。

此外，萱萱在餐廳等待上餐的時候，一定要把整個餐桌上的東西都摸過了一遍，儘管大人在一旁不斷地提醒她：要小心、不要把盤子弄掉了、會破掉之類的，她也好似沒在聽一般依然故我，所以往往這一頓飯吃下來弄得大人心驚膽顫，萱萱吃的也不多，大人也只得快快吃完快快離開，幾次下來，爸媽也開始刻意減少帶萱萱出門的次數了……。

人家都說應該鼓勵孩子多探索，但是萱萱這麼好動，身為爸媽一方面擔心她受傷，一方面也擔心在外面影響到別人，真的好為難，到底該怎麼辦呢？

解讀孩子行為與建議

身為爸媽，我們想鼓勵孩子透過探索來學習，一方面要注意孩子的安全，另一方面還要擔心他人的看法，真的需要考量好多。然而爸媽會有這樣的糾結，代表著你們試圖想要在尊重孩子的同時也顧慮到其他人，這樣的態度其實是很值得鼓勵的。常言道：身教、言教，不論在什麼年紀，孩子都隨時在學習與模仿大人的態度和行為，因此當爸媽在保護孩子的時候，我們其實也是在向孩子傳達了「我很在意你」的訊息，當我們在餐廳提醒孩子的行為時，也同時是在向孩子傳達「留意他人的反應、不造成他人困擾」，立意良善但孩子往往卻不見得領情，那到底該怎麼做才能夠讓爸媽的訊息能夠更有效地傳達給孩子並且改變行為呢？我們試著從孩子的發展、氣質和行為來做討論。

❶ 一到兩歲的孩子發展

一歲之後，孩子的能力開始有了明顯的進展，像是走路、說話、肢體的運用等，孩子開始較能夠運用自己的身體，也能夠開始試著用語言及聲音表達自己的想法，也就是這個時候，孩子會很積極地想要去「獨自」探索他眼前的世界，因為這也是第一次他們能夠靠自己的力量去達到自己的渴望，例如：靠自己走到電視前面去按開關、自己去把櫃子的門打開、自己去拿桌上的杯子⋯⋯等。因此我們常常會覺得這個年紀的孩子似乎停不下來似的，無法專注在同一件事情上，然而這樣的探索行為通常只會持續一段時間，也就是大概在孩子兩歲之前，在學會走路一段時間之後，孩子也充分的探索過身旁熟悉的事物了之後，我們會發現孩子會逐漸慢下來，開始能夠專注在一些他有興趣的事物上。在這個階段，爸媽真的必須得多留意居家物品的擺設是否安全，儘量提供給孩子安全可隨意探索的環境，這個時期適度的放手鼓勵孩子去探索，也能夠幫助孩子奠定相信自己的能力，讓孩子在成長的過程中更有自信。

❷因應孩子的氣質做行為引導

每位孩子都有與生俱來的天生氣質，有的孩子內向害羞，有的孩子活潑外放，有的像爸爸、有的像媽媽，若能夠考量到孩子的天生氣質，爸媽就能夠在引導孩子的行為上更為得心應手。一位內向害羞的孩子通常在探索的速度與範圍上，會比一般的孩子還要慢／小，爸媽在陪伴上也就比較不擔心孩子的安全問題，但相對的會需要多花時間在鼓勵和示範孩子探索的方式。拿故事中活潑外放的萱萱來說，除了需要注意安全之外，有幾點爸媽在家中和外出可以試著調整：

①減少家中可見的玩具數量，能夠降低孩子接收到刺激（看到玩具）就必須反應（衝過去摸幾下）的次數，一段時間再替換玩具的種類。

②外出前先「預告」，能夠降低孩子因為非預期的刺激而太過興奮的機會。例如：告訴孩子待會要去餐廳吃飯，餐廳有桌子、椅子，桌上可能會放有盤子和碗，餐廳裡面還會

有其他不認識的人……等，至於預告的內容要包含哪些？要多詳細？都能夠依照孩子的狀況做調整，甚至也可以在餐廳外帶著孩子看向裡面，一邊介紹。

③ 清楚明確的告知孩子「如何做」而非「不要做」更有效。例如在餐廳時孩子拿杯子起來敲，以往我們可能會習慣跟孩子說：「不要敲、很吵、會破掉」，但更有效的做法是跟孩子說：「杯子給我、把杯子放下來、把湯匙放進杯子裡」。或者為了滿足孩子的探索慾望，爸媽也能夠陪著孩子玩較安全可接受的探索遊戲，像是拿杯子起來喝水、發出喝水的聲音、發杯子給每一個人、輕輕地乾杯等等。

寫給父母的話

孩子有其天生的氣質，爸媽也有，在考量與尊重孩子氣質的同時，也不忘照顧自己，讓自己在與孩子互動的時候也不委屈，教養孩子的過程也會越來越順利喔！

推薦可以和孩子透過遊戲來訓練**探索力、專注力**。

情境故事二

小文兩歲了，還沒上過幼兒園，他很喜歡認顏色，經常喜歡考大人是不是能夠說出正確的顏色名稱。但不管大人回答正確與否，小文總是反覆問大人一樣的問題。他會拿著彩色筆問說：「這是什麼顏色？」而當大人回答：「藍色。」小文又會拿下一隻彩色筆繼續問：「這是什麼顏色？」似乎大人不管回答了什麼都不重要，他只是想要問。此外，小文在家的時候很喜歡叫爸爸媽媽畫圖給他看，他會拿著彩色筆跟爸爸媽媽說：「畫冰淇淋。」但是當爸爸媽媽畫好了冰淇淋，他又會繼續要求：「再畫一個冰淇淋。」或者是要求畫其他東西：「畫停車場。」這樣的行為如果沒有打斷，他可以一直持續下去，常常搞的爸媽不知道他到底想要的是什麼。

有時候爸媽會想要跟他有多一點的互動，也會鼓勵他一起畫，或者也邀請他一起畫，但小文被要求的時候卻會很緊張，他會往後退而且很強烈的搖頭說自己不會，爸媽試過很多種的鼓勵方式，甚至一筆一畫的要教小文畫圖，但小文反而會出現連筆蓋都打不開的行為表現。此外，爸媽也覺得小文在家很排斥自己做事情，當被要求或鼓勵自己做事的時候會出現極度焦慮的表現，也因此在家中舉凡吃飯、穿鞋、換衣服，小文都需要依賴爸媽。

隨著小文漸漸長大，爸媽開始擔心這樣的小文未來沒有辦法適應學校的團體生活，於是想要開始積極協助小文學習生活中的基本能力，但是不管是軟性的鼓勵或是硬性的規定，小文一律不買單。且在這樣的拉扯之下，小文的情緒開始變得暴走，當他被要求的時候會用大哭大鬧的方式讓爸媽不得不妥協，到底怎麼樣的方式才能夠讓小文願意自己動手或學習呢？

解讀孩子行為與建議

常常我們在和孩子互動的時候，對於孩子給我們的回應感到難以理解。像是在故事中的小文，爸媽可能會發現孩子對顏色和圖畫很有興趣，因此會「期待」能夠與孩子有一來一往的畫圖互動，而當我們有了這樣的期待的時候，自然我們會希望孩子能夠符合我們的期待，在故事中家長的期待可能是（孩子）接下彩色筆和爸媽一起畫圖。而當孩子的回應不如預期，身為家長的心境真的是五味雜陳，爸媽可能會感覺到被拒絕、覺得困窘、生氣，覺得我都花時間陪你這樣玩了，你還不領情？到底還想要怎樣？而這樣的感覺確實也是我們在育兒路上會反覆出現的，因此當爸媽感到被孩子拒絕而有情緒的時候，記得可以告訴自己：「會有這樣的感覺是很正常的，我允許自己感到挫折，我的孩子可能也在這樣的情境中和我同樣地感到挫折，或許我們都需要休息一下再回來試試看。」能夠覺察自己的情緒並安頓自我，將能夠幫助我們停下來看懂孩子行為背後的可能原因，讓我們一起來帶著好奇的心試著解讀與協助小文和爸媽。

❶ 根據孩子的發展，協助其堆疊基本能力

根據衛生福利部國民健康署發表的兒童發展連續圖，孩子從一歲開始會發展出拿筆亂塗鴉的能力，而這樣的能力最晚會在兩歲前左右發展完成，但是要到能夠模仿與畫出特定的圖形則要到三歲之後。因此兩歲的小文很有可能即使對顏色和圖像很有興趣，但礙於自己的能力還無法畫出來想要的樣子而傾向由大人代勞，且這樣的模式在建立了之後，孩子或許也覺得滿足又

輕鬆（包含生活當中孩子能夠練習自理的項目，像是吃飯、穿鞋等），當爸媽轉而邀請小文加入的時候，小文表示自己做不到而感到焦慮，或許我們也可以試著去理解孩子焦慮背後的原因。對於兩歲的孩子，拿筆的隨意塗鴉應該是可以做得到的，因此在這個時期如果期待孩子除了要求爸媽畫圖之外也能夠自己加入，爸媽要能夠降低對孩子創作的難度，因此在示範的時候盡量以孩子能夠做到的範圍為前提，用簡單的線條和顏色來呈現，例如冰淇淋可以只是一坨圓圓的東西，只要你說他是冰淇淋就可以了，當孩子發現你的示範他們可能也能做到的時候，就有機會提升他們加入的動機。

❷有趣的引導方式，提升孩子的學習動機

除了要考量到孩子的基本能力之外，對學齡前的孩子來說學習應該要是有趣的，而我們大人一般習慣用「教學」的方式來教導孩子生活中的許多事物，對於孩子來說較難提起興趣。其實想想看我們自己在看網路上的影片時，會比較容易受到有趣的開頭吸引、還是平鋪直述的開頭吸引？再看看我們的孩子是不是就比較容易理解了呢？再來說到什麼叫做能夠吸引孩子的有趣引導方式，其實我們可以觀察孩子平常的興趣的是什麼，透過他有興趣的東西來和他玩遊戲，像是故事中的小文，喜歡叫爸爸媽媽畫圖，當他要求爸媽畫冰淇淋的時候，我們可以用扮家家酒的遊戲方式，問問孩子：「你的冰淇淋想要什麼口味的呢？」然後邀請孩子從彩色筆當中挑選他要的顏色，搭配誇張的聲音、表情或動作，讓這支冰淇淋一球一球的疊上去，過程當中也

邀請孩子疊一球冰淇淋上去，若孩子一開始還沒有辦法自己畫也沒有關係，爸媽可以持續用遊戲的方式和孩子互動，相信孩子慢慢的會有興趣加入的。

❸製造孩子的成功經驗，提升自信心

當我們透過前面兩個步驟協助孩子逐步堆疊能力和提高興趣之後，類似的遊戲內容需要不斷地重複，直到孩子完全學會或者是感到無聊。然而對於大人來說，一直不斷重複已經知道或學會的事是很挑戰我們的耐心的，但是我們必須要知道，這樣的重複是在增加孩子每一次的成功經驗，也是為了提升他們的自信，協助他們迎接即將會面對的挑戰，所以是很重要的喔！

寫給父母的話

孩子和大人都是一樣的，我們都喜歡做自己能力所及的事，也喜歡別人注意到我們的努力和鼓勵我們的成就，用這樣的態度營造家庭氣氛，會讓大人小孩都更有學習的動力！

推薦可以和孩子透過遊戲來訓練**探索力、互動力**。

情境故事三

小新已經三歲了，從小爸媽就覺得小新是一個很自我的孩子，不太在意他人的反應和想法。本來想說可能因為家中只有他一個孩子，大人比較會順應他的需求，覺得長大或者上學之後，應該就能逐漸學習去在意其他人。但是沒想到在上了幼兒園之後，老師經常反應小新沒有辦法跟其他人一起玩，例如：看到一個小朋友在玩積木，小新會直接走過去拿走別人手上的積木，而當被拿走積木的小朋友傷心地哭了的時候，小新卻像沒事一樣在一旁玩起他剛搶來的積木。類似的狀況不僅發生在和其他孩子互動上，也發生在老師正在講故事的時候，小新會站起來橫越教室去拿他自己想要玩的玩具，一點都不在意老師和同學的反應。

爸媽很擔心小新這樣的行為表現會讓他在學校交不到朋友，而且老師很頻繁地反應也讓爸媽感覺壓力好大。本來以為會這樣是因為他還小，所以自我中心也是正常的，沒想到跟其他孩子比較起來，他好像特別白目。爸媽也很懊悔是不是沒教好他，現在開始訓練會不會太遲呢？在家可以怎麼做？

解讀孩子行為與建議

家裡的小霸王在爸媽眼中總是讓人覺得可愛又可惡，看著孩子逐漸長大學會了很多事情，我們通常會預期隨著孩子的年齡發展，他們會逐漸學習怎麼畫圖、組積木、拼拼圖……但是，和人的相處呢？原來在家對爸媽予取予求的態度不只是因為他還小嗎？沒想到送他去上學，才能看到他和其他小朋友的差異嗎？身為父母的我們是不是做了什麼？或者是沒做什麼才讓我的孩子變成這樣？相信爸媽一定有很多內心的糾結和懊悔。

身為這一代的父母，相較於上一代，我們已經花了更多心思去注意孩子的發展和需求了，再加上學校老師的敏感度，其實孩子的狀況能夠提早被發現及提早處理，建議爸媽可以先安定自己的內心，再來思考孩子行為背後的原因和如何給予協助。

❶同理心的發展與練習

一般的孩子在兩歲以前就能夠注意到他人的情緒和反應，並且做自我的調整，舉例來說：孩子第一次爬到櫃子上，他可能會看看爸媽的反應，然後如果他發現爸媽皺眉頭或者聽到照顧者說不可以，他可能會停下來或者為了要探究家長忍耐的底限而故意加速往上爬。但我們可以發現，孩子在注意到爸媽的反應時是有停頓再做下一步決定的，這在兒童心理社會發展上叫做「社會參照」，也是兒童在發展同理心的基礎。

因此，當爸媽發現孩子社會參照的能力比較弱，也就是他不太會去在意他人，只注意自己想做的事情時，可以去思考一下平時在與孩子的互動上，是不是比較少用聲音、表情或動作來傳達訊息。想一想在孩子做某些危險動作的時候，身為爸媽的我們，通常都如何反應呢？如果我們較少出聲提醒或制止孩子的行為，長久下來他們同理心的發展也就會比較遲鈍。然而如果爸媽發現其實這樣的練習在家中已經很頻繁了，但是孩子似乎變化不大，可能就需要進一步尋求小兒科、復健科或兒童心智科的協助了。

❷ 透過遊戲，陪孩子練習「輪流與互動」

現代人生的少，因此難免會遇到家長反應孩子不習慣和其他小孩一起玩的狀況，除了可以多幫他製造與同儕相處的機會（例如到公園、親子館或坊間親子課程）之外，在家也能夠陪他練習「輪流與互動」的能力，協助他預備將來和他人相處的能力。

陪伴學齡前孩子遊戲的一大重點，就是配合他有興趣的事物來延伸活動，例如：他喜歡玩積木，爸媽可以先把積木分成兩堆，他一堆、爸媽一堆，引導他進行你疊一個、我疊一個的遊戲，當然在過程中要留意他是否真的有興趣。一開始孩子對於這種互動方式或許不太適應，會想要自己把積木疊完，這時候爸媽可以在他正在疊的時候強調「換我囉！」或者在他正準備要疊下一個的時候，用一隻手擋在積木上面，再次強調「換我囉！」然後迅速把自己手中的積木疊上去，再馬上以手勢和口語回應孩子「換你！」重複這樣的方式直到孩子了解你們在玩輪流的遊戲。除了積木之外，爸媽也可以思考日常生活中，還有什麼其他是孩子感興趣且能加入等待、輪流和互動元素的遊戲，相信透過更多的思考與練習，可以讓爸媽和孩子彼此更熟悉與他人互動的方式喔！

寫給父母的話

孩子進入到幼兒園，對孩子和家長來說都是一個新的里程碑，孩子面對的人事物一下子就多了也複雜了。爸媽可以向幼兒園老師多了解孩子在學校的學習與互動情形，在家陪著孩子練習，相信孩子也能學習得更順利喔！

推薦可以和孩子透過遊戲來訓練**觀察力、互動力**。

情境故事四

小萍現在兩歲半，從小個性就比較小心謹慎，是家中唯一的孩子。爸媽覺得她在家中和大人的互動很普通，除了沒看過、沒試過的事情，會比較小心需要家長協助之外，沒有什麼特別讓人擔心的部分。她的口語表達能力也蠻好的，在家會主動找爸媽玩，原本覺得是抽到了上上籤，生了一個好帶的孩子，因為她就連上幼幼班也不像其他小孩會在門口大哭大鬧。但沒想到這樣的小萍竟然會在上了幼兒園兩週之後，陸續被老師反應她在學校的問題，爸媽也才開始觀察到她的不對勁。

幼幼班老師反應小萍剛進入校園的前兩週都沒有發出過任何聲音，原本以為她是不是還不太會講話。兩週後小萍開始能夠回應老師的問題，只不過由於聲音太小，老師都必須要靠得很近才聽得到。除此之外，小萍在學校也不太和其他孩子互動，上課的反應很平淡，別的小朋友都搶著要回答問題，而她只有在老師走到旁邊直接問她的時候，才會用很細小的聲音回答。然而，由於小萍在學校都靜靜地、不吵不鬧，因此老師倒也不覺得特別困擾，只是當和小萍的爸媽分享她在校情形的時候，才很意外地得知她在家裡是完全不一樣的表現。

然而對於小萍的爸媽來說，除了老師所分享的之外，他們也注意到了小萍在家經常會出現吃手、摳手和吸嘴唇的行為表現，而且似乎是不自覺的，因此試過口頭的提醒、打手、罰站來制止她，但都不見成效。後來她甚至在睡夢中也會出現這樣的狀況，真的讓人很擔心，不知道她怎麼了？

解讀孩子行為與建議

原本在行為表現上一直是中規中矩也從不讓人擔心的孩子，在上了學之後竟然出現了意料之外的轉變，爸媽可能會感到驚慌失措，也或許會開始擔心是不是在自己沒注意到的時候，孩子遇到了什麼狀況，生怕這是因為自己的疏忽造成的。當遇到了這類的問題時，家長能先向內思考，檢討自身的缺失是很值得鼓勵的，但除此之外也要能夠站在孩子的角度思考，孩子在這段期間還面對了什麼？或許他與家長一樣也正感到驚慌失措。我們可以根據小萍的個性和行為表現，來解析她目前可能遇到的瓶頸和可能的解決辦法。

❶ 考量孩子的天生氣質，給予引導和協助

Thomas 和 Chess 兩位醫師，在一九六〇年代提出了兒童的氣質理論，至今仍是兒童心理發展上十分重視的理論。內容提及的是孩子自出生以來就有的先天特質，包含了九個向度：活動量、反應強度、注意力分散度、適應性、趨避性、情緒本質、規律性、堅持度及反應閾值，而這樣的特質會在受到刺激時表現出來。氣質大致上是穩定的，但也能夠經由後天環境和學習而有行為上的調整，就像一個害羞內向的人，可以經由演講的訓練上台表達自己的看法，但是骨子裡還是一樣害羞內向。

回到小萍的故事，小萍符合九大氣質向度中的低適應性、高趨避性和反應強度低，意思是

我們知道她在適應新環境上會需要比較多的時間、也會迴避他人的接觸（包含老師和同學）、即使感到緊張和焦慮也不會表現得太明顯。

當我們能夠試著去理解小萍的氣質向度，爸媽就能瞭解並不是因為自己做了或是沒做什麼導致她近來的轉變，而是上學本身對她來說就是一個很大的環境改變，她需要時間去適應，而光是能夠獲得爸媽的理解和等待，對孩子來說就是很大的支持了。

此外，在理解孩子行為背後可能的原因之後，爸媽可以和老師合作，給予小萍難度較低的社交要求，例如：儘量減少讓小萍在大團體中發表意見的機會，但是可以增加小團體的遊戲時間；或者增加在團體中可以用動作或手勢發表自己看法的機會，例如：用拍拍手代表贊成。以循序漸進的方式，讓小萍慢慢地適應學校團體生活。

❷ 降低孩子的焦慮行為表現

通常我們會看到孩子在緊張焦慮的時候有一些行為表現，例如：扳手、吸手指、咬嘴唇……等等，而當孩子持續感受到壓力一段時間之後，我們甚至會發現他們在非壓力情境之下也會出現這些行為表現。而要改變孩子的焦慮行為表現，我們可以從兩個方向雙管齊下：

① **增加正向互動機會，降低焦慮：**我們知道孩子是因為新環境的轉變而感到焦慮，因此我們可以在日常生活中增加一起歡笑的機會，這是只有爸媽才做得到的事，多花一點時間陪伴他們，增加彼此一起遊戲和大笑的時間。

② **提升孩子面對困難的準備和能力：**孩子在緊張的時候會因為不知所措，而感到無助，因此我們可以和他們一起討論，在面對困難時可以採取的方法。針對學校的狀況來看，光是和孩子討論在校可能會遇到的狀況，就能夠提升他們對於未知情境的預期，和縮短他們需要的反應時間。討論之後再一起演練，更能加深印象。

舉例來說：可以和孩子在家中練習「想要和同學一起玩」的情境，用角色扮演的方式由爸媽試著演一次，再邀請孩子用他們自己的方式來試試看。透過這種模式，能夠提升孩子對於面對挑戰時的信心，也能幫助適應環境喔！

寫給父母的話

每天大笑有助於身心健康，這是真的！即使再忙，也別忘了和你的孩子製造共同的愉快與大笑時光喔！

推薦可以和孩子透過遊戲來訓練**表達力**、**情緒力**。

情境故事五

喬喬是個一歲半的孩子，從嬰兒時期開始都是由媽媽自己帶，是個只喜歡黏著媽媽和喜歡找媽媽一起玩的孩子。雖然也可以跟爸爸玩，但必須要媽媽在現場的情況下，如果媽媽不在，喬喬非但沒辦法和爸爸一起玩，還會哭鬧著要找媽媽，爸爸也拿他沒辦法。

因為和孩子的關係太緊密了，媽媽覺得壓力好大。偶爾媽媽會想帶著喬喬外出走走或是去朋友家坐，但只要外出他好像就會很緊張而且更黏媽媽，即使是相處很久的親朋好友也無法取代媽媽一下下，連媽媽上廁所和洗澡也都不放過。試過了讓他接觸很多不一樣的大人、小孩，但似乎都沒辦法轉移他的注意力，實在是很擔心這樣的他，是不是沒辦法去上學？媽媽是不是只能一直和他綁在一起？

解讀孩子行為與建議

「媽媽」真的是全天下最偉大的工作了，從孩子在嬰幼兒時期的全天候陪伴和伺候，到孩子稍大一點有行動能力了，以為能稍微脫離二十四小時的服務模式時，孩子又會對媽媽有數不盡的需求，而且強度不減反增，這樣的狀態到底何時才會有盡頭？相信這是很多爸媽所面臨的挑戰，這也是在陪伴孩子的成長過程中都會經歷過的一段。

以兒童認知發展來說，嬰兒時期因為還沒有物體恆存的概念，因此會經歷一段認為看不見的東西就是不存在的時期，因此也不覺得需要去「找」那個消失的東西。然而大部分的孩子在一歲以前就能夠知道這個概念，因此當東西或者是某人從視線消失了，而這對他是重要的，他就會去「尋找」，因為他不確定這個東西或者是人會不會自己回來。

對於一歲的孩子來說，媽媽是他的全世界。在這個時期我們能夠怎麼幫助孩子學習與父母分離，相信媽媽會自己回來，同時符合孩子的發展，也不至於讓媽媽感覺太委屈呢？

❶ 建立孩子的安全感

在幼兒時期應該有很多家長都跟孩子玩過躲貓貓的遊戲，像是用手把臉遮起來，然後把手拿開突然出現在孩子的面前，這樣的遊戲其實可以幫助他們體驗到爸媽消失又出現的過程。隨著他們逐漸長大，爸媽還是同樣可以利用這種遊戲方式，讓他們體會所愛之人的消失與再現，而且還可以再加上一點變化，例如：把躲貓貓的場景放大到整個房間甚至整個家。當孩子累積了很多這類遊戲經驗，他會逐漸接受大人的消失與再現。

❷拓展孩子的生活經驗

孩子在一歲以前的活動範圍以家庭為主，但在一歲之後由於認知能力和活動力的提升，他們其實是有能力、也有興趣去探索家庭以外的環境。因此爸媽可以嘗試帶他們去戶外，到公園不一定要溜滑梯，而是去觀察。有的小孩可能對花草有興趣，那就陪他們欣賞植物，鼓勵並允許他們進行自發性的探索。

在父母的陪伴之下，除了能夠建立孩子的安全感之外，也能夠提升他們向外探索的能力，更能增加他們對於接觸陌生人事物時的觀察力，同時也有爸媽的支持。

❸降低媽媽的被剝奪感

有時候我們的寶貝就是除了媽媽什麼都不要，真的就是會有那種時候。但是媽媽的體力和心力也是有限的，當能量要耗盡的時候，任何人都有可能會做出讓自己後悔的決定，所以才會有媽媽突然暴怒的情況發生。

希望每一位母親都能夠知道，妳不孤單、妳已經做得夠好了！每一位媽媽現在對孩子的付出都是在為彼此累積愛的存款。有時覺得累了，就允許自己今天不存或者存少一點，又或者請隊友多存一點。當發現自己心力耗盡，就不要再勉強自己，承認自己是有極限的。用最低底限的心力陪伴孩子，或尋求家人和朋友的支援，即使孩子還無法完全脫手，但至少兩個人一起比較不孤單也不那麼耗能。媽媽要是能有安全感、感到被支持，就也能夠在這樣的過程中傳遞給孩子，讓他們更快地獲得安全感。

寫給父母的話

媽媽（或爸爸）平常已經夠努力了，有時候也可以允許自己不那麼努力，也是給自己一個充電的機會！

推薦可以和孩子透過遊戲來訓練**探索力**、**情緒力**。

情境故事六

皮皮是一位很活潑的兩歲小男生，喜歡找人一起玩，對事物充滿了好奇，在家中常常跑來跑去、爬上爬下，彷彿一刻都不得閒。家人買了各式各樣的玩具，就是希望他能找到他的興趣，可以安靜地玩一下。但每次玩玩具總是一個換過一個，怎樣都無法專心，爸媽想一起玩也總是被他弄得暈頭轉向。每次遊戲開始不到幾分鐘，他就像又發現另一個新大陸一樣跑開，搞得爸媽到後來只好放任他在家中跑來跑去。

因為皮皮對事物總是充滿了好奇，因此爸媽其實很希望能夠帶他到戶外一起探索和遊戲，不過他這樣一刻不得閒的情況在外面也是一樣，他會去找其他小朋友玩，但通常玩沒多久就會跑掉玩他自己的，常常讓原本和他一起玩的小朋友找不到他，爸媽也是在一旁跟著他跑來跑去，真的讓人擔心他這樣沒有定性，以後上幼兒園會不會因為坐不住被退貨？我們又可以怎麼幫助他靜下來專心做一件事呢？

解讀孩子行為與建議

對於像皮皮這樣活潑的孩子，相信爸媽在育兒的過程中應該充滿了趣味和挑戰。一方面因為他親人有活力的特質而在某些時刻被他逗得笑呵呵，另一方面又會擔心他這樣不受約束的個性，會不會影響未來的學習與人際，因此爸媽嘗試著透過找到他的興趣，或者陪他玩來協助他靜下心來。但是多方嘗試卻不見明顯效果的時候，真的會讓身為家長的我們感到很無力。

當爸媽在過程中感到灰心時，或許我們可以換個角度去思考，孩子的優勢能力是什麼？並且我們運用這些優勢能力來陪伴他們練習提升較不足的能力，例如：專注力和持續力。

❶ 孩子的優勢能力在於大肌肉的發展

一般的孩子在兩歲前後會發展出跑和跳的能力，且發展期間他們會對於各種運用到大肌肉的活動感到特別有興趣。因此這個時期經常會聽到有些家長說孩子在家總是爬上爬下的，其實只要注意環境安全，鼓勵他們去伸展身體的肌肉，會讓他們更認識自己的身體，未來也會更有自信喔！

因此若家中的寶貝恰好是兩歲前後、也同樣好動，爸媽不妨多帶著他到能夠充分舒展身體的地方，像是公園、運動場或者體操教室，帶他去挑戰他能力所及的各種跑跳。而當孩子的肌肉伸展得到滿足，他也會願意接著挑戰再更高一點的難度，藉由這樣的過程，讓他們練習在同一件事情上增加持續力，例如：跑步、爬樓梯、溜滑梯，對孩子來說所謂的專注與持續，並不一定要從靜態活動開始。

❷孩子的優勢能力在於喜歡與人互動

雖然故事中的皮皮很難專注在一件事情上，但看得出來他對於和爸媽還有其他人的互動都是很有興趣的，雖然無法持久，但我們也可以利用他這樣的特質，協助他逐漸拉長專注的時間。學齡前的孩子，尤其是在進入幼兒園以前，在遊戲中通常是習慣主導的，因此若是爸媽嘗試著要他們跟你一起玩玩具或是看書，除非剛好是他非常有興趣的主題，否則難免碰得一鼻子灰。

所以要和這個年紀的孩子一起玩遊戲，首要條件是先觀察他們對什麼事物有興趣，然後跟隨他們的興趣走，並且從中找到可以互動的機會。例如：喜歡玩車車，爸媽可以先從旁幫車子配音開始，像是車子發動的轟轟聲，或是救護車的嗚笛聲。當孩子發現你在幫車子配音的時候可能會看向你，當你們眼神交會時就是一個很棒的互動時間點。爸媽可以在這個時機和孩子說：「我們一起開車去玩吧！」或者拿著車車朝他們的方向邊前進邊說：「車車要開過去你（孩子的名字）那邊囉！」

這樣的遊戲目的在於增加孩子與他人一來一往的人際互動，同時在相同的遊戲主題上發展出不同變化的遊戲方式，也能夠協助他們維持在同一個活動的興趣，藉以逐漸拉長他們的持續度與專注力。

在經過以上兩個方向的練習之後，孩子很有可能會對於爸媽加入的遊戲感到有趣，因此也會更願意多停留在爸媽身旁期待著不同變化的遊戲內容。這時我們就能夠視孩子的情況增加靜態活動，像是一起坐著讀繪本，並且搭配他們好動愛挑戰的特質適時給予問答，例如：「小兔子在哪裡呢？」或者是邀請孩子學小兔子跳一跳……等等。一開始先穿插一些動態和靜態的活動，再慢慢拉長靜態的時間，讓孩子對這樣的互動方式感到有興趣，並從中學習專注地聆聽與培養持續安坐的能力。

寫給父母的話

一起讀繪本也可以很有趣！爸媽不需要期待孩子能夠一次讀完一整本繪本，一次一、兩頁也很好，彼此都用更輕鬆的態度開始共讀吧！

推薦可以和孩子透過遊戲來訓練**專注力**、**互動力**。

情境故事七

安安現在一歲半，爸媽說他個性固執，凡事只按照自己的意思做，不然就會大哭大鬧。還不太會說話的安安，只要不順他的意就尖叫或是倒地，經常弄得爸媽在外很尷尬。在餐廳吃飯若遇到讓他不高興的事，通常爸媽會先嘗試輕聲哄他，但多半最後還是落得引人側目而倉皇離開。此外，安安對物品的占有欲很強，只要他拿在手上的東西，除非他自己沒興趣了，否則其他人別想拿走，有時在家他會拿爸媽的手機或電視的遙控器來玩，因為難免會不小心敲到，所以大人還是會試圖從他手中拿回來。但這樣的拉扯通常會讓安安非常生氣，他會尖叫甚至用頭去撞地板，爸媽試圖安撫他都沒辦法。事件通常還是要等到安安達到目的（拿回手機或遙控器）才會落幕。但幾次下來，爸媽觀察到其實他似乎不是真的想要哪些東西，而是認為所有東西都該是他的，沒有人可以拿走，除非他自己不想要了。

因為安安目前還不太會說話，所以爸媽經常也搞不清楚他到底想要做什麼？或者為了什麼事情而生氣？所以對於他反覆發生的尖叫、倒地和撞頭，雖然感到心疼，但真的不知道該如何介入才好。難道真的只能等到孩子長大、能溝通了之後情況才能有所改善嗎？

解讀孩子行為與建議

安安的例子在一歲半的孩子身上不算少見，爸媽通常也能夠猜到，孩子多半是因為沒辦法清楚表達自己的想法而著急生氣，但當遇到他們奮力尖叫、倒地和撞頭的情形，相信爸媽在當下除了心疼和心煩之外，若是在公共場合更是感到尷尬。若有外人在一旁觀看時，那種壓力真的不是他人能夠理解和置喙的，若還要爸媽在當下做到心平氣和地處理，根本就是不可能的任務！

以下我們試著從孩子發展的角度來解讀其行為，再針對平時和緊急狀況時，給爸媽一些可以嘗試的小技巧，希望大人和孩子都能更順利地度過這段慌亂的時期。

❶ 孩子的自我表達發展

兒童約在一歲之後會開始發展口語表達能力，大概在一歲半左右能夠叫爸爸、媽媽和使用簡單的單詞（如：球、花、貓）。然而在此之前，其實孩子就已經開始學習自我表達了，像是他們會用手指出想要的東西、發出聲音、哭泣、尖叫，藉以傳達訊息。但是因為他們還無法清楚表達，而身體的活動能力也還沒好到能夠做到自己想做的事，當他們在「想要」和「能夠做到」之間產生了落差，就會產生挫折，而面對挫折他們也同樣說不清楚，不知道自己怎麼了，只能用現有的方法來表達，就是哭鬧或衝撞。

爸媽可以試著這麼做，當我們觀察到孩子有「意圖」卻無法達成的時候，幫他們用口語或者肢體語言表達出來，例如：「你想要拿桌子上的玩具，拿不到好生氣喔！」在說到生氣的時候，還可以再加上一點皺眉的表情和表現生氣的動作，藉以示範可以替換的生氣表達。

此外，平時在陪伴孩子的時候，爸媽也可以多增加一點肢體語言，例如：在說「好」的時候搭配點頭、「不喜歡」則可搖頭或皺眉頭……等等，目的是讓孩子學習口語和非口語的表達。當他們學會了更多元的表現方式後，在自我表達上的挫折感就會逐漸降低，也能夠逐漸脫離半獸人的模式囉！

❷在外的突發性情緒崩潰該怎麼辦？

雖然我們能夠理解孩子講不清楚的心情，但若是出門在外難免還是需要注意旁人的眼光，且安撫堅持度較高的孩子可能會耗上不少時間。在此跟爸媽分享一點外出的小技巧，以降低大人小孩在外不安的心情。

①**先預告：**堅持度較高的孩子，通常不太喜歡非預期的事情發生，因此如果爸媽已經確定了接下來的行程，建議可以先在出門之前和孩子預告。例如：我們要去餐廳吃飯、要坐椅子，或者要畫畫。

②**準備安撫物或玩具：**當爸媽的人都知道，有時候就算做了萬全準備，還是經常會碰上非預期的狀況發生。例如：餐廳上菜很慢使孩子沒耐心等待之類的，因此在允許的範圍內，可以

攜帶一點孩子喜歡的安撫物或玩具，在他們無聊的時候可以玩。另外很重要的當然是父母的陪伴，如果當下爸媽可以把注意力放在孩子身上，也可以降低孩子在外尋求父母關注的需求，而比較不會出現突發的爆炸性情緒。

③**爸媽深呼吸：**儘管做足了準備，孩子還是有可能因為各種事件出現情緒，當孩子情緒爆發的時候，首先要處理的不是小孩、也不是事件，而是要請爸媽先深呼吸。因為這時候如果爸媽先慌了手腳，孩子也很有可能會感染到這股情緒而表現得更焦躁。因此先深呼吸，抱起孩子優雅地走到餐廳外，或者走到一旁，再開始和他們對話。

④**處理孩子當下的情緒，而非事件：**如果孩子當下正在尖叫或者撞頭，先確保他們的安全。如果可以，先帶到比較安靜或單純的環境再進行對話。這個時候對話的目的是要安撫孩子的情緒，因此不需要去詢問他們「為什麼」這樣做，而是邊輕拍、邊跟他們說：「我知道！」「沒事了！」「媽媽在這裡。」有的小孩也可以利用轉移注意力的方式和他對話，例如：「你看那裡的車車！」

⑤**回到原本的情境，示範如何處理：**當孩子的情緒逐漸安撫下來之後，爸媽可以再次預告我們要回到剛剛的地方，然後我們要一起做什麼事，例如：「我們要一起回去坐下來吃飯囉！我會給你湯匙，你挖飯飯吃。」建議可以讓孩子知道「他可以做什麼」，而不是他不能做什麼。

寫給父母的話

平日的表達練習和情緒崩潰時的處理，都很仰賴爸媽和孩子一點一滴地練習來累積彼此的經驗值。當我們又成功處理了一次危機事件時，別忘了告訴自己「做得好」，也告訴孩子「你好努力！我看見了」，給彼此多一點鼓勵喔！

推薦可以和孩子透過遊戲來訓練**表達力、情緒力**。

情境故事八

兩歲半的文文，是個很有主見的孩子，爸媽覺得她在兩歲以前還算是個好商量的孩子，但自從兩歲之後竟然就變成了難搞的孩子了。文文凡事都想要自己來，自己倒水喝、自己穿衣服、自己刷牙、自己處理生活中的大小事。但是可想而知，若是遇到她做不好的時候就會大發脾氣，然後當大人想要介入協助的時候又會被她拒絕，有時候還甚至會發更大的脾氣，她會大叫：「我自己！」意思是她要自己處理，當在有時間壓力下被大人催促的時候，她更是會直接倒地崩潰，常常搞得家裡烏煙瘴氣的。

其實爸媽的心情也很矛盾，一方面看到文文會想要學大人自己做很多事，想要證明自己長大了。但另一方面又擔心文文在這過程中受挫或者受傷，在旁總是以小心翼翼的心情看著她，想著隨時要介入幫忙。但文文不但不領情還會叫爸媽走開，情緒經常處在暴走的狀態。到底文文是怎麼了？身為爸媽在這種時候到底該怎麼辦呢？

解讀孩子行為與建議

聽起來爸媽對於孩子的轉變感到錯愕，也同時很想要去理解孩子到底怎麼了。在嘗試著理解孩子的同時應該也感到挫折與無助，而這會不會也是孩子在這個時期的崩潰行為所要表達的感受呢？讓我們試著站在孩子的角度，來看待他們在這個時期到底怎麼了呢？

❶兩歲孩子的心理社會發展

根據心理學家艾瑞克森的心理社會發展理論，二到三歲左右的孩子處在學習自主的時期，在這個時期的孩子，會透過行動來證明自己是有能力的。因此他們會從以往習慣依賴父母的生活方式，轉變為想要自己行動，像是想要自己吃飯、自己倒水等等。而透過這樣的行動過程感受到自己是有能力的，進而提升自信，因此若在這個時期的孩子沒有能夠達成自主的練習，就有可能會對自己產生懷疑，在接下來的成長過程中，也會比較容易退縮而不願意嘗試。爸媽在理解了孩子的發展階段之後，若能夠支持孩子並給予足夠的時間和空間去嘗試，將能夠協助孩子成為更有自信的樣子。

❷提供以「自主」為前提的協助

在爸媽能夠理解孩子在此時期的自主需求之後，除了給予孩子時間和空間去自我練習之外，也能夠在事前提供示範，例如：邀請孩子幫爸媽倒水，但一次拿兩個杯子，一個先由爸媽做示範，另一個交由孩子嘗試，並在孩子執行的同時即使不安也不流露出不信任的表現，若孩子成功達成任務給予鼓勵，倘若不成功（例如水打翻了），爸媽也要能夠用平穩的態度告訴孩子沒有關係，請孩子自己拿衛生紙擦乾淨之後再次嘗試。

❸在有時間壓力下的處理方式

我們都知道多練習才能提高成功的機會，因此在練習自主時期的孩子，通常建議爸媽可以多預留一點時間給孩子嘗試。然而若是遇上了在有時間壓力的時候，若再加上我們的催促，通常很容易演變成孩子心急做不好而崩潰的情形，因此在當下或許爸媽可以嘗試著給予孩子預告和幾個選擇，例如：等你鞋子穿好我們就要出發去上學囉（預告），你想要先穿這隻腳還是那隻腳呢？（選擇），這個時候爸媽可以先把鞋子拿在手上，孩子選了之後就直接幫他穿上，若孩子說了要自己穿而你知道他自己穿會很久的時候，同樣可以提供縮小範圍的選項：「你想要自己套上去還是自己黏呢？」等於是由爸媽和孩子一同合作完成穿鞋子的動作，但同時也保留了孩子可以自己選擇和動手的權利。

寫給父母的話

孩子會想要自己嘗試是成長的一部份，熟能生巧，相信爸媽多給孩子一點嘗試的時間和機會，孩子會越來越熟練，也能夠對自己越來越有自信喔！

推薦可以和孩子透過遊戲來訓練**探索力**、**情緒力**。

情境故事九

小琪快要兩歲了，她對大人拿筆好像感到很好奇，會主動想要拿筆畫畫，當爸媽發現她想要拿原子筆的時候，會很猶豫到底該不該給她原子筆？還是該拿彩色筆或蠟筆給她？曾經嘗試著要拿彩色筆給小琪畫畫，但小琪還是對原子筆比較有興趣，但是原子筆對她來說好像又不是那麼適合，常常給了她也畫不出來。

爸媽覺得小琪好像對畫畫有興趣，看她在那邊拿著筆亂畫，覺得好像能夠教她一點什麼，但自己其實也對畫畫一竅不通，不知道該怎麼教，又覺得孩子還這麼小，話也還說得不好，送她去上畫畫課合適嗎？還是說在家中有什麼辦法能培養她畫畫的興趣呢？

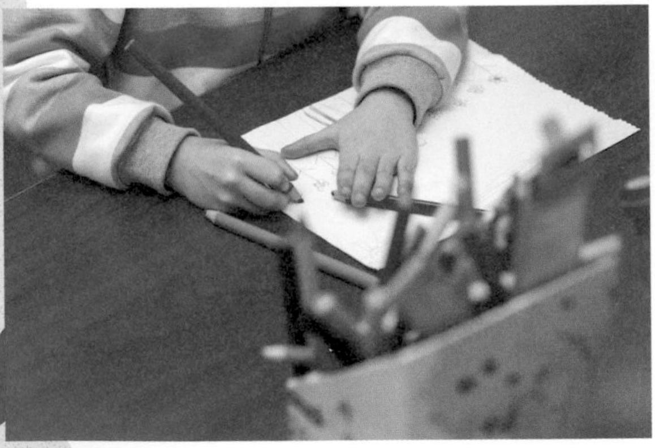

解讀孩子行為與建議

爸媽能夠注意到孩子的興趣，並且想要協助孩子培養興趣，真的是一件很棒的事呢！兩歲的孩子就像個小大人一樣，看到爸爸媽媽拿筆也會想要跟大人一樣，想要模仿爸媽做的事情，因此換個角度去想，如果爸媽希望孩子使用彩色筆或蠟筆，也可以先從自己示範用彩色筆或蠟筆畫畫開始喔！如果爸媽還想試試看自己引導孩子發展繪畫的興趣，或許可以這樣做：

❶ 依據孩子的發展，準備合適的工具

其實爸媽很清楚的知道，對於兩歲的孩子來說原子筆不是最合適的工具。兩歲孩子在握筆的時候，因爲手指頭還沒有辦法很好的控制力道，因此會用整隻手掌來抓握，這個時候還不需要去改變他們握筆的姿勢，而是要去挑選合適的工具，像是比較粗的彩色筆，或者是又粗又短的蠟筆。而爸媽在示範的時候，也可以先觀察孩子自然的握筆方式是哪一種，如果是用整個手掌抓住筆的方式，那爸媽也可以用和孩子一樣的方式做示範。另外，也需要提供給孩子大一點的創作範圍，可能是一大張紙（越大越好），或者是整面的白板或黑板，這樣孩子也才比較不會有一定要畫在範圍內的壓力，也更能夠鼓勵孩子自發性的創作。

❷ 引導兩歲的孩子畫畫

自一歲開始，孩子玩藝術著重在於探索，包含了視覺、觸覺、味覺、聽覺和嗅覺，所以家長們可能會看到孩子把玩藝術媒材，像是吃顏料、啃彩色筆、摸紙、玩筆蓋等等，這些都是很符合孩子年齡的表現。在有了足夠的探索之後，孩子可能會開始展現塗鴉的興趣，這個時候家長可以示範用自己的手臂在紙上畫出重複的線條，並鼓勵孩子模仿。

對一、兩歲的孩子來說，學習顏色和形狀的表徵都不是最重要的（當然爸媽可以提一下，但不需要要求孩子能夠認得），他們需要的是能夠運用到自己身體各部位的探索活動，因此與其在孩子拿黃色彩色筆塗鴉的時候告訴他那是黃色，不如試著鼓勵孩子摸摸看筆管，告訴他那是硬硬的感覺，在紙上畫出重複線條的時候，更能夠搭配聲音以及基本認知能力的學習。例如：爸媽可以示範一邊在紙上畫出很多的重複線條，一邊說：「下雨了，下雨了，下小小的雨（用小小的聲音說，邊說邊畫小小的線），下大大的雨（用大大的聲音說，邊說邊畫大大的線）。」這樣的示範，除了能夠讓孩子容易理解且認為自己也能夠做到之外，也是在幫助孩子連結他的生活經驗和藝術的表達方式，未來孩子將能夠學會用這樣的方式來表達。

寫給父母的話

爸媽別擔心自己不會畫畫，抱持著與孩子一同享受玩藝術的過程，你會發現孩子能邊玩邊成長喔！

推薦可以和孩子透過遊戲來訓練**探索力**、**表達力**。

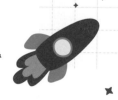

情境故事十

小乖快要三歲了，一直以來都是學習能力很好的孩子，對事物充滿了好奇心。爸媽一直認為小乖能言善道，是個聰明的孩子，但有一點讓他們十分困擾，那就是小乖的「問題」超級多！從天亮一睜開眼，小乖就會拉著爸媽問東問西：「媽媽，媽媽，那是什麼？（指著窗外的摩托車）」「寶貝，那是摩托車。」「媽媽，媽媽，那是什麼？（指著窗戶上的一處污漬）」「寶貝，那是窗戶髒髒的。」「媽媽，媽媽，那是……」把所有東西都問過一輪了之後，小乖又會開始重複問剛剛問過的問題：「媽媽，媽媽，那是什麼？（指著窗外的摩托車）」，而通常這個時候爸媽都已經被問得不耐煩了，所以經常會出現不耐煩的樣子，告訴小乖剛剛他已經問過了，並表示希望結束這樣的對話。

在學校，小乖也有類似的表現，老師形容小乖是個活潑又充滿好奇心的孩子，表達能力很好。但是因為不太會去注意到他人已經不想回答自己的問題了，經常會跟在老師旁邊一直問問題，喜歡找大人講話（通常也是自己講自己的比較多），不太喜歡找其他的孩子一起玩，老師和爸媽對此都感到有點困擾，不曉得該怎麼引導他停下來或找點別的事情做。

解讀孩子行為與建議

學齡前的孩子能夠提問和用口語表達自己的想法，在很多人看來或許都是很成熟的表現，但對小乖的爸媽和老師來說，心情或許是很複雜的，一方面因為孩子的口語表達能力佳而感到開心，另一方面又因為孩子停不下來的問題感到不耐煩，也擔心這樣下去會影響到他的人際關係。爸媽或許會想要知道的是，該怎麼理解孩子現在的行為和如何應對才能對他有幫助呢？

❶ 因材施教

當孩子的語言表達能力和學習各方面的表現，已經都像個小大人似的，他或許真的是比同年齡的孩子還要學得更多更快時，不難理解的是相較於和其他同年齡的孩子一起玩，這樣的孩子會更喜歡找大人聊天或者遊戲，因為與大人的對話更能夠引起他的興趣。我們當然也樂見孩子能夠學習的更多更快，因此在考量到孩子的發展之下，爸媽和老師能夠做的就是依據孩子的興趣或發展，提供給他更適合的學習內容，例如：雖然孩子才三歲，但是可以陪伴孩子閱讀適合四到六歲的繪本，或者陪伴孩子進行互動式的創作，也讓孩子有機會透過除了口說的方式來表達自己的想法。

❷ 提升孩子的社交觀察力和互動力

當孩子小小的腦袋瓜充滿了許多知識與問題時，難免會想要一股腦兒的表達出來，但也是因為如此孩子經常會忽略了他人的反應，因此爸媽和老師可以協助孩子，去練習觀察他人的反應。很多時候孩子在丟出他很多的問題時，眼神是飄來飄去的，或者甚至是看著其他地方的，爸媽和老師可以在這個時候去提醒和要求孩子的眼睛要看著你，這除了是社交禮貌之外，更是提醒孩子要去注意他人的表情和反應。而只有當孩子做到了眼神注視，你才給予回應，之後孩子才能逐漸學會看著人的表情說出自己的問題，並且注意他人的反應。

此外，我們也可以創造一些讓孩子去和其他小朋友互動的機會，例如：讓孩子擔任小幫手，協助其他小朋友進行任務，又或者負責說繪本故事給大家聽，讓孩子在班上有更明確的定位，除了讓我們的孩子更有責任感之外，也能夠讓其他小朋友知道，在什麼樣的時間點可以找這個孩子。

❸ 練習等待

對學齡前的孩子來說，因為還沒有建立抽象的時間概念，因此對他們來說等待比較困難。他們還沒有辦法像大人一樣，理解等待五分鐘的意思是什麼，所以在培養孩子練習等待的時候，可以使用更具體的工具來協助，例如：可以在家中的時鐘數字上，貼上孩子喜歡或者認識的貼紙圖案，然後跟孩子說：「現在要請你等長針（用手指出來）走到蘋果的時候，再來找我」。

另外在練習的時候，也要請爸媽留意時間，一開始的練習可能會是五分鐘、十分鐘，且在過程當中儘量鼓勵孩子：「很棒喔，爸爸媽媽有注意到你能夠等待了。」

寫給父母的話

教養的過程也是父母在不斷學習與成長的過程，孩子是第一次當孩子，父母也是第一次當父母，雙方都同樣的會在過程中感到興奮、挫折和困擾，但我們都不孤單。

推薦可以和孩子透過遊戲來訓練**觀察力**、**互動力**。

情境故事十一

小寶兩歲半了，能夠用簡單的口語表達自己的需要，但是因為他的個性非常害羞，經常會看到他在一旁好像有需求，但是又不知道怎麼說的樣子。即使在家中能夠跟爸媽說話，但是聲音比較小，如果爸媽重複詢問他：「嗯？你說什麼？」小寶就會把話吞回去不敢再說，這個時候軟硬兼施似乎也都沒有太明顯的效果，小寶會呈現嘴巴好像有在動又好像沒在動的樣子，整個人像是凍結了一樣，好像話到了嘴邊又出不來的感覺。這樣的情況不論在家或是在外面都可能會發生，且在外面似乎發生的頻率又更高，所以爸媽在外面很經常會需要擔任小寶的發言人。但困難的是，有時候連爸媽都不知道小寶說了什麼或者需要什麼，又如果猜錯了小寶想要表達的，他還會生悶氣，撇過頭去不願意看人，這真的是讓爸媽不知道如何是好，這樣下去爸媽也開始擔心小寶之後如果要上幼兒園是否能夠適應了。

解讀孩子行為與建議

小寶的情況聽起來，似乎也影響了爸媽在與孩子的互動上會需要小心翼翼的，生怕一次漏掉孩子說的話後，會要用更多的時間來處理，然而難道要一直這樣下去嗎？相信爸媽一定會有許多的糾結，想讓孩子練習更大聲的表達，但同時也知道孩子的個性應該是屬於比較敏感的，擔心越強硬的方式可能會帶來反效果。下面我們來討論如何帶孩子透過更有趣的方式練習表達：

❶ 透過繪本共讀與角色扮演玩聲音

一開始挑選的繪本，儘量有鮮明的圖片和誇張的角色設定，內容不需要很長，但最好是「有聲音」的繪本。有聲音指的並不是有聲書，而是根據內容和對話，很容易產生畫面和狀聲詞的繪本，這樣爸媽在與孩子共讀繪本的時候，就可以用一些比較誇張的動作和聲音吸引孩子的注意，而當成功引起孩子的注意時，爸媽就可以進一步邀請孩子一起加入，例如：「獅子大吼了一聲（爸媽：『吼』），小兔子嚇到跳起來（爸媽跳起來）。」然後邀請孩子一起加入演一次，或者在下一段的時候加入。這樣練習的目的是，讓孩子透過輕鬆的心情去玩聲音，去練習在沒有壓力且有示範的情況下表達自己。

❷透過塗鴉遊戲玩聲音和練習表達

當孩子在面對面的溝通容易緊張而說不出口的時候，有可能是擔心自己說出口的答案不夠正確，擔心犯錯，因此透過塗鴉遊戲，協助孩子練習表達，除了能夠讓孩子在較無壓力的情況下表達之外，也能夠成為爸媽和孩子之間的溝通橋樑，讓孩子練習在爸媽面前可以更自然的表達。舉例來說：爸媽可以邀請孩子一起用蠟筆塗鴉，塗鴉的重點著重在線條、重複和聲音，用蠟筆在紙上大力的敲或畫出長長的線條，一邊大聲且用力的說：「嘩嘩嘩！下大雨了～」接著可以再輕輕的敲或畫出短短或細細的線，一邊小聲的說：「淅淅淅，下毛毛雨了。」可以邀請孩子一起加入畫大雨和小雨，又或者可以問問孩子現在是下大雨還是小雨呢？讓孩子透過表達可以操控爸媽畫畫，他們也會覺得很好玩，也會更願意表達喔！

以上兩種練習的方式對孩子來說就像遊戲一樣，較輕鬆且有趣，再加上爸媽如果也能陪伴練習的話，也能夠與孩子建立表達之間的默契。然而除了使用繪本和塗鴉的方式之外，用孩子喜歡或者熟悉的音樂，與孩子建立有趣的溝通方式也很棒。爸媽可以試著在平時將想詢問孩子的話套用進旋律中，例如：「你早餐想吃什麼呢？」搭配《冰雪奇緣》中「你想要一起堆雪人嗎？」的旋律，將會很神奇的發現，孩子竟然能夠用這樣的方式來問答呢！

寫給父母的話

孩子和爸媽都有其天生的氣質，有天生外向的人、也有內向的人。不論大人或小孩，在面對他人的提問時，若能夠感受到對方的支持，將能慢慢的培養出自信喔！

推薦可以和孩子透過遊戲來訓練**表達力**、**互動力**。

情境故事十二

強強已經二歲多了，對於自己在意的事物總是特別堅持，也因此讓爸媽覺得很頭痛。就拿強強喜歡依照自己的步調來說吧，每天早上媽媽會叫醒強強和姊姊，因為兩人要一起搭七點四十分的校車到幼兒園。姊姊會在媽咪的呼喚下起床，但是強強呢？他會生氣地說：「我還要睡覺，姊姊不可以比我早起床！」接下來就是起床氣，一直到刷好牙、洗好臉，甚至對著爸爸烤好的奶油吐司發脾氣，他會說：「爸爸不要抹奶油，我要吃草莓的！」

校車到了，強強喜歡坐在第一排，因為他喜歡清楚看到馬路上的所有車子。但是，總是有其他小朋友也喜歡這個位置，這時候隨車老師也苦惱了，因為強強又要生氣了，整趟路程就會迴盪著他的哭泣聲。

爸媽和學校老師嘗試了很多方法，希望可以找到強強的堅持點以及情緒點。在強強冷靜的時候，老師會問他為什麼一定要坐第一排的位置呢？強強總說：「我喜歡車子，我想要看車子！」堅持的態度讓老師也是無言以對。媽媽也在強強開心的時候問他為什麼起床總是不開心，要當生氣寶寶？強強也很快地回答：「我想要睡覺，姊姊很快、媽咪也很快，我不喜歡！」這樣的回答，媽媽也是莫可奈何。

大家都說小孩都有叛逆期，強強和姊姊有著很明顯的差異，總會忍不住比較一下，究竟是年齡的原因或是先天個性，才讓兩個孩子發展上有如此差異？身為家長，要用什麼樣的策略與方法，處理強強因為堅持和情緒所產生的行為呢？

解讀孩子行為與建議

❶解讀強強這些行為背後的原因與目的

兩歲半的孩子正值學習使用句子進行表達，會針對自身所處的情境和感受，嘗試著將句子做前因後果的表達。強強面對自身所處的情況，可以順利說出自己的需求？或者是在有時間壓力下，會用哭鬧或發脾氣的方式來處理呢？這時候的我們，可以冷靜下來探討引發事件的因果，推論原因有可能是：強強擔心再不起床就會來不及搭上校車（偏偏這時候姊姊的速度也很快，強強更緊張了）；接下來晚起床的我，校車上我最喜歡的位置會被搶走（此時所有的情緒和氣氛開始緊繃，早餐也更不好吃了），現在的強強開始產生焦慮和情緒，看任何事情都不順眼，這樣的行為，同時也讓家人的情緒受到影響，每個人都出現不愉快的感受。

❷找到解決緊張情緒以及表達不順暢的方法

在表達的部分，爸媽可以針對如何利用語言表達自我感受進行示範與練習。例如：我們先分享自己所遇到的事情和感受，再來鼓勵姊姊也說一下今天發生的趣事，大家彼此分享，等待強強也願意加入後，再試著將所有訊息組合成他可以理解的內容，對他再說一次。

接著大家可以一起練習，面對發生不如預期的事時，要怎樣接受事實或是學習尋求協助。

同樣可以利用在聊天分享過程中，由爸媽先示範自己遭遇不如預期事件時，產生的情緒和解決方案。例如：媽媽原本好想到麵包店買最愛的法國麵包，淋著雨跑到麵包店才發現已經賣光了，當時媽媽有點失望，但是看到旁邊的巧克力麵包好像也不錯，於是心想沒有法國麵包，但還有巧克力的也不錯！買了之後，發現真的滿好吃的，下次也會想再買巧克力麵包。最後可以鼓勵孩子給媽媽建議：「如果是你們，會跟媽媽一樣嗎？」

❸ 提前預告並且模擬情境

媽媽在睡前先跟強強預告明天早晨會面對到的狀況，並與強強先進行情境模擬，藉此練習解決的方法。例如：早一點上床睡覺，在睡前先把明天要穿的衣物整理好，避免一早慌慌張張；此外，也請姊姊協助強強，讓兩人的時間和速度可以儘量一致；早餐的部分，睡前讓強強和姊姊先決定要吃什麼，或是讓他們知道明早的菜單；至於在校車座位的堅持上，也可以讓強強知道，在不同座位看到街景的角度不一樣，會有更多樂趣。

❹ 鼓勵孩子表現

請爸媽觀察孩子在各種狀況下的表現，只要有一些些改變就可以給予正向鼓勵。一方面鍛鍊自己的觀察力與分析力，另一方面也可以期待孩子在更多情境中，有更穩定的自我成長。

寫給父母的話

情緒需要被理解和表達，隨著年齡的增長，孩子感受的世界越來越豐富，也更加需要爸爸媽媽的理解和陪伴，一起認識多姿多采的生活！

推薦可以和孩子透過遊戲來訓練**情緒力、表達力**。

情境故事十三

小美是家中第一個小孩，家人總是呵護備至、疼愛有加。今天媽媽推著滿一歲半的小美路過公園，正巧看見有許多小朋友在盪鞦韆和騎腳踏車，他們的笑聲吸引著小美，一直盯著公園裡的哥哥姊姊看，感覺很羨慕，也充滿好奇心。

「如果可以也想讓小美跟大家一起玩，一定會很有趣，可是她年紀還很小，對於不熟悉的環境和人事物都會有點緊張，我該如何讓她慢慢學會遊戲和與人互動呢？」小美媽媽心中其實很矛盾，希望她可以有向外探索的勇氣和機會，希望她可以體驗外在環境所帶來的美好。可是家中長輩因為擔心小美的安全，總是不希望媽媽帶她出門。「小美個性本來就比較內向，而且年紀小在外面容易有狀況，基於健康及安全考量，都不適合讓她太早去外面玩吧？」家中長輩的疑慮似乎也是對的。但是她是獨生女，媽媽實在很想讓她與其他小孩接觸、互動。每次與家人討論到這個問題，媽媽就很困擾，一方面不知道該怎樣和長輩溝通，另一方面又希望有方法讓小美有所成長，真是父母難為。

解讀孩子行為與建議

每個小朋友探索環境的模式皆不相同，有些小孩習慣用視覺觀察作為第一個策略，有些孩子則是喜歡透過親自接觸來感受。當然，也有孩子會同時使用不同方法！

❶找尋孩子習慣的探索模式

爸媽可以拿出新玩具，先觀察小美最常使用的探索方式。例如：看到新的聲光玩具消防車，她會先抓緊媽咪的手，再偷偷觀察這個新玩具，這就是她的探索模式。當我們了解小美習慣的方式之後，可以逐漸鼓勵她增加探索技能（這是建立在孩子基本模式之上的延伸），也就是緊緊捉住媽咪的手、偷偷觀察玩具、家人用手摸摸玩具給小美看（觸覺）、家長先玩一下（動作），透過這樣的方式，逐漸增加孩子的探索技巧和延伸其探索習慣。

❷鼓勵孩子探索新事物

可以將家中環境做一些調整，增加環境變化和探索的機會。我們可以將遊戲房加入一些軟墊和小朋友的帳篷，製造出不同的氛圍（建議不要一次改太多，儘量以調整一到兩個即可）。過程中陪著孩子一起探索重新布置過的遊戲房，除了視覺感受之外，也可以讓他們摸摸家具和所有物品的觸感，增添探索經驗。也可以在他們面前把帳篷拆掉或者將軟墊捲起來，讓孩子看看有趣的環境是如何打造出來的。

❸ 為孩子建立「安全區」和「安全感」

在每次的親子互動時光，逐漸讓孩子知道，他們在媽媽的視線範圍內都是安全的、可以放心摸索的。一方面建立安全區域，一方面也讓他們知道，如果不小心出現意外，爸媽隨時都在！除此之外，鼓勵孩子利用各種感官，包含視覺、聽覺、觸覺、動作……等等進行探索。當孩子感到害怕或不安時，回頭可以立刻看到爸媽，也可以訓練他們獨立並且增加安全感。

❹ 拓展探索區域與增加經驗

孩子在家中累積探索經驗之餘，也可以在家人陪同下到戶外，可以先從社區附近的商店開始（室內環境），逐漸延伸到人更多的公共場合（戶外草地、公園……等）。在這個階段，爸媽們可以化身為小小導遊，介紹所處環境中的各種物品和人事物，累積孩子視覺和聽覺經驗。例如：在便利商店除了有進門音樂之外，可以讓孩子看看琳瑯滿目的商品貨架，甚至在安全範圍內，可以伸手摸摸冰涼的養樂多或布丁，感受不同的溫度變化；也可以帶孩子走到戶外，告訴他們：「你的腳踏在軟軟的草地上喔！可以摸摸小花和掉在地上的樹葉，天上還有蝴蝶在飛，感覺好舒服！」

如果探索戶外仍會有安全考量的話，我們也可以帶孩子到室內親子遊戲空間、安全的親子泳池戲水，讓他們擁有不同的環境與感官體驗，相信可以替孩子的未來建立更多基礎能力！

寫給父母的話

擁有安全區、安全感的支持和陪伴，孩子一定會用自我累積的探索力，在屬於自己的繽紛世界，享受成長與學習！

推薦可以和孩子透過遊戲來訓練**探索力**、**互動力**。

情境故事十四

在幼兒園的猴子班，每天一定會聽到老師喊著：「阿寶，你又離開位子了。」「阿寶，不可以跑來跑去會撞到同學。」「現在是故事時間，請坐在地板上。」滿場飛的三歲阿寶總是讓老師頭疼不已，一下子要拉住他、一下要提醒他上課規則，也只能等爸媽來接他時，再請他們協助在家中一起建立規範。

而阿寶媽媽也不輕鬆，每天接他放學也是媽媽壓力很大的時刻，因為老師總會跟她說阿寶滿場跑，像一隻小兔子一樣，也會說他動來動去像是小猴子，無法專心上課，特別是聽故事的時候。哎呀！好像大家都覺得阿寶很難帶、很難專心學習的樣子，甚至爸媽還擔心他是不是專注力有狀況，或是有過動的情形？

雖然我們都知道小朋友充滿活力是正常的，再加上阿寶個性人來瘋，喜歡吸引大家注意，他充滿好奇心也最喜歡和小朋友一起玩，但是，總是需要學習靜下來，遵守課堂規範和大家一起聽故事，不能影響其他孩子上課。這些阿寶的爸媽也都了解，只是要如何從小培養靜態活動的能力呢？如果站在順應孩子天性的立場，在說故事的活動中可以做什麼調整呢？

解讀孩子行為與建議

❶ 觀察孩子感興趣的故事主題

第一階段先不急著要求孩子必須得坐在椅子上或地板上聽故事，可以先從幫忙翻書的動態活動開始。例如：阿寶喜歡小汽車，爸爸媽媽可以挑選一本相關內容的故事，在說故事過程中讓他拿著自己喜歡的小汽車，一起找找看故事裡面有沒有一樣的車子（這時候不需要念書或是讀故事給孩子聽），就算他沒興趣一下子就離開也沒關係，只要讓他知道有故事書的存在，爸媽只需要和他一起玩故事書即可。

❷ 透過物品或玩具吸引孩子專注力，延長共同注意力停留在故事的時間

延續上階段，阿寶喜歡的小汽車開始在故事書裡面探險。例如：小汽車遇到小紅帽會問：「你要去哪裡呀？」小紅帽回答：「我要去外婆家，要不要一起去呢？」像這樣開始用故事主角與孩子喜愛的物品或玩具對話，讓他逐漸進入故事情境中，也可以鼓勵他做點回應，回答故事主角詢問的問題。

在一來一往的對話過程中，就可以稍微引導孩子坐下來，畢竟一直站著玩也會累，爸媽可以說：「你跟小汽車要不要坐下來了呢？你的腳會不會很痠了？」如果孩子不願意也沒有關係，

因為重點在於我們可以把專注力放在故事情境中，並且逐漸延長時間。

❸建立孩子從事靜態活動的習慣

除了利用故事書作為靜態學習的一種活動外，也可以依據孩子的喜好進行不同形式的靜態活動。例如：畫圖、拼圖、黏土、玩具、聽音樂……等，只要可以安靜共同進行的活動都是很好的選擇。

孩子進入幼兒園一定會有很多時間必須進行靜態活動，課堂規範也會要求學生們坐在椅子或地板上。因此爸媽也可以透過每天進行一些靜態活動，讓孩子逐漸習慣。在家中爸媽可以扮演「陪玩者」的角色，觀察孩子遊戲的習慣和模式，接下來再加入遊戲中。

這些遊戲不一定要要求孩子坐著玩，可以隨時轉換。例如：堆積木過程中可以四處搜尋想要的配件，也可以坐在地板上一起堆城堡。在初期的靜態活動，也不要強迫孩子一定全程靜態，必須要允許「動靜皆宜」才是最好的陪玩者。

❹延伸靜態遊戲，也增加共同遊戲的時間和規範

在此階段可以在單一遊戲中加上其他元素，讓遊戲「混搭」。例如：在積木中加入扮家家酒的餅乾和蛋糕，再加上一些小士兵國王，準備要來個城堡派對！開始遊戲時，爸媽可以根據孩子聽過的故事改編內容，或是自編故事也可以，讓這些玩具元素有邏輯、有故事性的串聯在

一起。

在示範遊戲過程中，也可以邀請孩子加入創造行列，如果孩子只想要在旁看也沒關係，就讓爸媽演完自己所創造的故事或遊戲情境。在大人示範的過程中，加入「分享、輪流、等待」的對話和互動，也間接鼓勵孩子學習這樣的遊戲模式。這樣除了能讓遊戲場景變得有創意之外，也鼓勵孩子理解「輪流玩遊戲」的概念，因為遊戲不只有小孩可以玩，大人也可以樂在其中，彼此輪流分享，會讓遊戲更加有創意，也變得更好玩！

寫給父母的話

活動與遊戲是孩子的天性，活潑不等於好動，我們可以建立動態遊戲和靜態活動的轉換機制，在家中讓孩子享受遊戲或故事之餘，逐漸建立學習規範！

推薦可以和孩子透過遊戲來訓練**專注力**、**觀察力**。

情境故事十五

身為新手爸媽的小寶父母，在迎接新生命的這一年來總是睡得比較少，神經也比較緊繃，就是擔心家中小寶貝在照料上會有哪些地方耽誤了。現在的小寶將近一歲，常常發出很多大家都聽不懂的聲音，咿咿呀呀的好像在說外星語，而且表達得很認真。

「這時候我們該怎麼做呢？都知道要給予寶貝信心，增加互動的機會，可是如果回應錯了，表示我們猜錯小寶的意思，這樣會影響他的表達意願嗎？會不會造成他學習的誤會？」小寶的爸爸總是這樣擔心，很想要給小寶最正確的回應和訊息。而小寶媽咪呢？擔心的又是另外一種狀況，「我努力猜測小寶要表達的訊息並回應他，可是他不是不理我，就是沒有更進一步互動了。是我表達或是回應錯誤嗎？這樣會不會影響他未來和我們互動的動機呢？」

相信上述狀況都是家長在面對幼兒初期使用聲音常見的顧慮，也常常讓新手爸媽覺得有些緊張和焦慮。其實，幼兒表達互動能力的發展是很自然的，也是很歡樂的親子日常。所以，建議新手爸媽先把自己的心情和狀態調整得輕鬆無負擔，接著我們一起陪孩子進行表達互動的初體驗。

解讀孩子行為與建議

幼兒在四到六個個月開始，會出現玩聲音、運動口腔、吸引他人注意的情形。

❶ 觀察孩子聲音表現與情境

在這個時期爸媽可以觀察孩子在哪種情境下，會出現特定或不特定的聲音和互動？例如：想要喝奶的時候，他會把嘴巴噘起來發出嗯嗯的聲音，並且揮動小手露出期待的眼神……等等。有些時候，孩子本身沒有其他需求，只是自己開心地在玩聲音或是揮動自己的手腳，爸媽也可以將這樣的狀況和時間記錄下來，可能是他吃飽了、睡飽了之後的玩樂時間，這些都是可以當作引導時機的重要訊息。

當父母觀察孩子表現並且依據當時狀況做猜測推論，大概可以了解自家孩子出現的眼神表情、聲音互動與肢體動作所代表的意義，就可以減緩家長擔心誤解孩子訊息的狀況。

❷ 模仿孩子的聲音、表情或動作

如果爸媽擔心誤解孩子的意思，最簡單的互動方式就是「模仿孩子」。許多時候，孩子也可能是沒有目的性、單純地出聲與擺動肢體。只是，當他們發現有另一個人發出跟他自己一樣的聲音時，肯定會很驚訝，因而更加注意那個人。此時，爸媽可以再發出一個模仿他的聲音，像是在告訴他：「我也跟你一樣喔！我們可以一起玩。」如果孩子有更多的聲音出來，我們一樣可以繼續模仿他們。

相反的，如果孩子的反應很平淡也沒有關係，爸媽可以先讚美孩子很棒，並且主動發出剛剛的聲音，讓他知道：「我們很喜歡你發出聲音喔！這樣超級厲害！」鼓勵並增強孩子願意互動的行為，並且期待下一次的有趣互動。

❸ 延伸或變化孩子的聲音表現

除了上述模仿孩子的聲音進行互動之外，爸媽們也可以根據當時狀況，自己添加一些不同的聲音，來引發孩子的注意力，但這部分儘量要和原聲音有相關性，或是類似的發音位置。

例如：孩子張開嘴巴並且發出「啊啊啊。」的聲音，此時我們推論他一定是餓了要討食物吃，所以可以拿出小米餅，先讓他看看並且放一小片在他的嘴邊，一邊看著他吃小米餅時，我們可以邊發出：「啊姆啊姆，真好吃！」之類的話。

嘗試過幾次之後，爸媽們會驚喜地發現，孩子在下次肚子餓了想吃東西，會出現上次所教他的：「啊姆啊姆」來表達。此時更應該要快速地回應他並且給予食物，藉此讓他知道想吃東西就可以發出這樣的聲音，而爸媽很喜歡他用聲音傳遞他的需求！其他的情境和不同的聲音也可以用相同的方式，延伸孩子的聲音變化性。

❹根據情境將孩子的聲音意義化

這是一個很重要的任務與過程，當家中寶貝習慣使用聲音表達需求與互動之後，爸媽便要將這些有情境的聲音「意義化」。也就是根據情境和實際狀況，讓孩子知道「啊姆啊姆」代表的就是「肚子餓了，請給我東西吃」、「把拔」代表著爸爸（他會很開心並且抱著我）、「馬麻」則是我愛的媽咪（她會餵我喝奶並且親親我）……等等。

透過照顧者的觀察記錄、延伸變化，賦予特定聲音的特定意義，孩子會逐漸增加使用聲音語言與他人互動的頻率，也透過發出聲音可以滿足自身需求情況下，孩子們也會知道如何有效地進行互動，這樣就建立了語言理解與表達的第一步。

寫給父母的話

放鬆心情、提升觀察力、發揮想像力和創造力，寶貝的語言初體驗就從歡樂的親子日常開始！推薦可以和孩子透過遊戲來訓練**互動力、觀察力**。

情境故事十六

小胖胖已近兩歲了，歡喜迎接兩歲生日的爸媽卻有點擔心。因為小胖胖不喜歡開口說話，但是在觀察過程中，家人發現他其實聽得懂大人的指令，也可以根據問題找到物品或是完成任務。例如：幫爺爺拿他的帽子、要一起到公園散步，只是平時他就是不肯說話。除非是硬要他說話爸媽才會滿足他的需求，或是在十分緊急的狀況之下，他才願意開口說：「幫我」、「我要啦」或是呼叫「媽咪」來幫忙。

長輩們都希望爸媽不要太過逼迫小胖胖，也相信他可以學會如何說話。但是時間一天天過去，再加上同事的同年齡孩子已經會說簡單的單字了，這可使爸媽越來越焦慮了！

我們當然希望小胖胖可以開心快樂成長，但是又擔心會錯過語言發展的關鍵期，想在不逼迫孩子也不造成他的壓力和陰影之下，我們應該怎麼做呢？

解讀孩子行為與建議

爸媽可以透過日常生活中請孩子協助完成任務，與此同時觀察孩子理解能力的狀況。

❶確認孩子對語言的理解能力

如果孩子可以完成一到兩個指令。例如：我們要去公園玩，要先拿水壺再穿鞋子，然後才可以出門。如果孩子可以在沒有提示協助下完成，表示他的理解能力是不錯的。

❷口腔動作的模仿

透過遊戲的方式觀察孩子的口腔動作能力。例如：請你跟我這樣做，鱷魚大嘴巴（家長示範張大嘴巴的動作請孩子模仿）。接下來，可以嘗試個各種不同的口腔動作，像是噘起嘴巴、伸出舌頭、鼓氣撐起臉頰、嘴唇發出聲音和動作……等。

這些口腔動作遊戲，爸媽也可以創造出相對應的動物聲音或是型態，以增加孩子模仿的遊戲感受，好比鼓起臉頰可以是小青蛙，也可以是顆氣球。

❸ 聲音搭配口腔動作遊戲

接續上一步驟，爸媽可以將口腔動作連結聲音，可以是單音也可以是連續音，讓孩子一起玩聲音動作遊戲。例如：小汽車按喇叭「叭叭叭」、小火車準備出發「嗚嗚嗚」。

❹ 建立以聲音搭配肢體的溝通模式

初期可以鼓勵孩子透過肢體語言和簡單聲音共同使用。例如：（想吃餅乾）媽媽可以說：「你想吃餅乾對嗎？」手指著餅乾的同時說：「餅餅」引導他一起複誦，如果他成功了就要立即給予鼓勵，讓他知道「我們都知道你會說了，我們也很喜歡你開口告訴我們」。漸漸地可以從疊字延伸到兩個字，甚至可以加上「要……」的短片語。

❺ 奠定基礎之後，逐漸延伸

當孩子逐漸習慣使用聲音和短片語互動後，爸媽便可以示範：「我要吃餅乾，好好吃。」的簡單句子，並使用在孩子有興趣的玩具或是主題上，找出附有節奏的小句子和他互動，例如：（喜歡小汽車）我要小車車，噗噗噗、我要吃蘋果，咬咬咬……等，讓孩子透過有節奏的語言增加活潑度。

寫給父母的話

發揮創意地運用肢體語言和節奏音樂，讓孩子知道說話一點都不單調，也可以動動跳跳、哼哼唱唱，開心與爸媽一起學習。

推薦可以和孩子透過遊戲來訓練表達力、互動力。

情境故事十七

已經三歲的小祐最近讓爸媽很擔心，因為原本說話正常的小祐，現在總是結結巴巴、斷斷續續，一件事情要問他很多次、努力拼湊所有訊息，才可以了解事件真相。這不僅僅讓小祐越來越不願意表達，爸媽也很操心這樣的狀況，會澆熄他願意開口溝通表達的動力，真是為難。

因為三歲之後才有這樣的轉變，小祐的爸媽很想知道這樣是正常的發展過程嗎？或是他們需要其他協助才能處理呢？如果可以練習，該如何進行呢？

解讀孩子行為與建議

在語言發展過程中，孩子會從單音、疊字、多字、片語、短句到複雜句，緩慢且循序漸進地呈現、表達。

❶了解語言發展過程

三歲左右的小祐，因為所認知的事物與想要表達的訊息逐漸增加，也開始使用複雜的句子。在想要表達的事物與自身語言結構不甚穩定的情況下，就會出現斷斷續續、結結巴巴或重複述說的狀況。

❷觀察孩子表達狀態

當我們了解語言發展歷程之後，接下來就要觀察家中孩子的語言狀態屬於哪一種類型。

第一類型，斷斷續續缺少連貫性，但是可以拼湊出內容；第二類型，重複述說一樣的名詞、動詞或形容詞，訊息較為缺乏；第三類型，可以述說事件，但是沒有主題，一直說著不同的事情，家長難理解。

❸ 調整因應方式

①**家中孩子屬於第一類型，斷斷續續但是可以拼湊出重點與內容**。此時爸媽可以耐心聽完孩子說話，並且跟他說：「慢慢來，你先說完我們再一起來分享。」等待孩子完成描述，家長再把整理好的內容重說一次，並跟他確認：「你剛剛想說的是這樣嗎？」最後再和他一起再說一次，讓他逐漸習慣複雜句子的表達模式。

②**孩子是屬於第二類型，重複說著相同的詞、行為或事件，訊息量較不足的情況**。建議爸媽可以先向小孩身邊的其他大人確認狀況。例如：學校的老師或是其他家長，得到正確的相關訊息後，再回頭和孩子一起整理表達方式。此時可以先關心：「弟弟今天在學校怎麼了？」（加入地點和時間）。接下來，可以繼續整理出：「在和小朋友玩的時候跌倒了嗎？撞到哪裡呢？」（加入事件）。接下來，爸媽可以繼續延伸：「你撞到膝蓋流血了，很痛對不對？」（加入感受）。最後，再和小祐一起說出完整的事件：「今天小祐在學校和小朋友玩的時候，不小心跌倒，撞到膝蓋流血了，很痛對不對？」

③**家中孩子屬於第三類型，說著不同事情，找不到主題的狀況**。建議爸媽可以先了解孩子一整天的行程和發生事件，再挑選一至兩個狀況作為述說的練習。一樣可以找出該事件的「人物、時間、地點、事件、結果、感受」，耐心並有條理地進行述說練習。

❹建立述說表達的分享習慣

利用發生在家中的開心時光與日常習慣。例如：晚餐時，爸媽可以分享工作中的趣事或感受、在睡前的說故事時間和孩子聊聊今天的新鮮事……等等，都可以協助他逐漸發展語言表達力，但是要記住喔，習慣的建立要從家長的示範開始，切勿強迫孩子分享或是表達。

寫給父母的話

成長與語言是一樣的，需要一步一階地建構，給孩子足夠的空間與支持，會讓親子關係更加美好。

推薦可以和孩子透過遊戲來訓練**表達力，專注力**。

情境故事十八

目前兩歲半的小茗總是充滿活力，對於外出玩耍一直都很有興趣，只是爸媽不太想要帶她到需要輕聲細語或是要保持安靜的公共場合。例如：書店或是不能喧嘩的餐廳。為什麼呢？因為小茗說話總是很大聲也不懂得控制音量，再加上說話很直接，想表達就表達，也不管地點是否合適，總讓大家都好尷尬。如果爸爸開口請她小聲一點，她就會很認真且大聲地問：「為什麼要小小聲，這樣會聽不見啊！」常常讓爸媽臉上三條線，只好趕快離開。

這樣的狀況很困擾爸媽，會覺得小茗真的不會觀察環境、察言觀色，這也導致小茗越來越沒有外出的機會。而面對這種情況，爸媽該怎麼處理呢？在家中又可以怎麼練習呢？

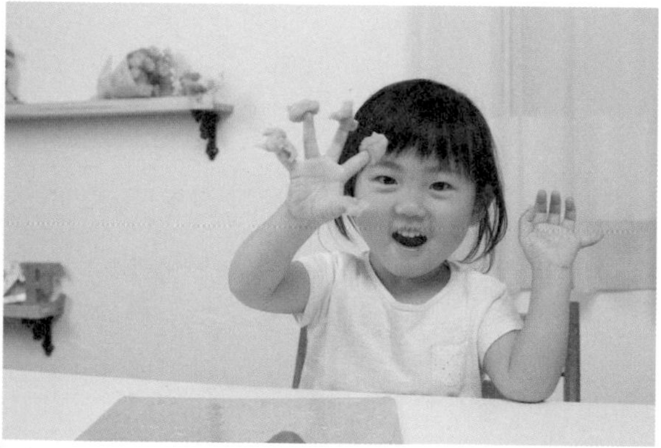

解讀孩子行為與建議

爸媽可以先觀察孩子在各種情境的表達與互動行為，再逐一做記錄，這些都可成為日後練習的判斷基準與參考。

❶ 觀察孩子行為與情境間的連結

如果孩子在家時的情緒比較平穩、口氣相對柔順，也比較不常表達自己需求（會自己去拿），但是到了公共場合，就變得很活潑也很興奮，儼然成為一個好奇寶寶，也容易一直說話想吸引爸媽注意，甚至不停地表達自己的需求。

如果是在這樣的狀況下，該如何是好呢？爸媽請先觀察在不同的公共場合，孩子是否都出現同樣的行為反應呢？

❷ 分析孩子在特定情境展現其行為的原因

當我們記錄下孩子在不同情境的行為表現之後，可以一起分析他為何會有如此行為。是因為到了大賣場可以買好吃的餅乾太興奮？還是因為到百貨公司時肚子已經餓了，所以提高音量表示抗議？除了了解孩子行為之外，也針對當時情境和狀態，一起找出影響孩子行為的原因。

❸在家庭活動中，加入模擬情境練習

當爸媽了解小茗因各種狀態而產生的行為之後，就可以針對該狀態練習「觀察環境、適當表達」。例如：當她肚子餓時，先深呼吸，然後用清晰且不要太大聲的音量表達自己需求；當她覺得很興奮、超級開心看到很多玩具時，可以小小聲地問爸媽：「我很喜歡玩具小汽車，可以摸摸看嗎？」

也許孩子無法立刻將練習的成效立即反應在實際應用上，但是爸媽可以輕聲跟他說：「你是不是肚子很餓了？你可以小聲一點說，爸爸媽媽聽得到喔！」或者，可以同理孩子並且說：「乖，我知道你很喜歡玩具小汽車，可是你看看，小朋友們都有好好排隊喔！」

❹提醒孩子觀察環境的重要性

在家中模擬練習過後，實際到達公共場合會是另外一個努力的階段。爸媽可以在出發前讓孩子知道今天會去哪裡、可能會有哪些場景、提醒他要好好觀察別人的行為，並且調整自己的狀態。

例如：「我們今天要去餐廳和阿姨吃飯，餐廳是吃飯的地方，所以大家不會大聲說話，也不會用跑的喔！因為會有桌椅和杯子、盤子……等等，要小心不要撞到。」到達餐廳之後，可以鼓勵孩子：「你看，這裡也有小朋友在吃飯，他們看起來吃得很開心，也都輕聲說話喔！」讓孩子可以先了解他人行為，進而給予鼓勵，讓他知道自己也可以做到。

❺讚美孩子表現

結束一天活動之後，爸媽最好能在睡前或聊天中稱讚孩子今天的表現。可以先描述整件事情與孩子的表現，讓他知道爸媽所讚美的行為，以及期許自己會更加進步，一起享受外出的親子樂趣。

寫給父母的話

孩子依然是那個天真的個性，只是不太了解分寸的拿捏與掌握，用愛和耐心，搭配敏銳的觀察力，陪他們一起成長。推薦可以和孩子透過遊戲來訓練**觀察力**、**互動力**。

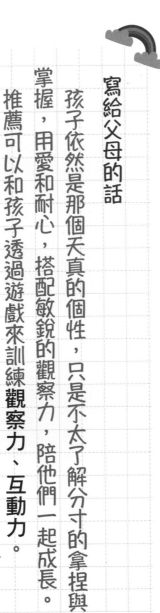

情境故事十九

小晏已經兩歲，爸爸媽媽想要帶他到公園走走，正好也看見有許多小朋友在公園玩耍，有人在玩沙子，也有人在玩球和小汽車。小晏最喜歡球和小汽車了，可是爸爸發現小晏似乎不知道要如何和別人一起玩。舉例來說，小晏喜歡小汽車，可是他卻把自己的車子往小朋友的方向丟過去，其他小孩也嚇了一跳。小晏想要玩球，他卻跑過去把小朋友的球拿走，大家也是一頭霧水不知道小晏要做什麼。一樣的狀況發生了兩、三次之後，爸爸媽媽也開始擔心了，也沒有小朋友願意跟小晏玩，小晏應該也很喪氣吧？但要如何處理呢？要如何在家教導小晏與他人正確互動的技巧呢？

解讀孩子行為與建議

孩子的互動範圍從家庭環境向外拓展，互動對象也是從最親近的家人逐漸拓展至其他人。

❶ 觀察並記錄孩子與他人互動的行為模式

互動技巧的訓練需要隨之調整，這也是為什麼很多孩子第一次和家人以外的人互動，總會讓爸媽擔心。因此，我們先記錄孩子在與他人互動時候所出現的行為，以及互動對象的反應，讓我們更加了解自家寶貝。

❷ 解讀孩子行為所蘊含的意義

小晏最初的互動技巧也許會以自己的經驗開始，所以爸媽可以以家中觀察到的行為和外在環境的行為做比較，進而推斷孩子想要傳達的意思。

例如：小晏想要跟其他小朋友說：「我也有小汽車！」所以他用丟小汽車到小朋友的位置作為互動；或是他想要和他們一起玩球，就把球搶走跑掉，藉此吸引小朋友追過來一起玩。在各種情形進行分析和推論，也協助家長進行下一步驟的正確互動技巧教學。

❸ 利用角色扮演進行互動技巧教學

透過收集與記錄的資料，開始在家庭遊戲中設計角色扮演的主題。可以從第一階段的「提出邀請、開啟話題」開始，由爸媽示範如何加入他人遊戲，以及提出邀請所使用的方式和口語。例如：「我也有小汽車，可以跟你一起玩嗎？」或是「我想一起玩球，可以嗎？」

接下來，就是學習第二階段的「觀察他人反應與等待」了，此時爸媽可以示範他人答應一起玩，以及被拒絕的兩種狀況，讓孩子知道有可能被拒絕，也有可能一起玩。

再來就是「針對他人反應的處理方式」，透過每日一個簡單的主題，或是一種他人的回應進行角色扮演，藉此增加孩子的經驗值。

❹ 實際互動並且協助孩子調整

終於到了要將角色扮演的互動經過化為實際行動了，此時建議爸媽可以先從熟悉的朋友開始練習，再逐漸延展到陌生團體。爸媽也可以隨時掌握自家孩子所展現出來的互動方式，並且適度地給予協助和提醒，建立孩子更多的成功經驗。

甚至在初期，爸媽們也都可以彼此先說清楚自己寶貝的狀況，藉由一些人為所營造的氣氛，讓孩子在更有安全感的環境下，學習人際互動技巧。

寫給父母的話

人際互動技巧的學習與使用，往往都需要較長的時間與經驗的累積，給寶貝不間斷的支持與鼓勵，陪同孩子一起體驗，讓親子關係更加穩固與甜蜜。

推薦可以和孩子透過遊戲來訓練**互動力**、**觀察力**。

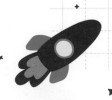

情境故事二十

小巧將近三歲，是家中第一個小孩，也備受家人長輩的疼愛，但是最近爸媽覺得有點困擾。因為他們發現，帶著小巧外出和朋友們一起玩的時候，小巧總是不願意和其他小朋友分享玩具，和別人互動的技巧不太好。除此之外，如果小巧看到自己很喜歡的玩具（例如佩佩豬小玩偶），她就會想要動手去搶，甚至會有點暴力地對待其他小朋友，這可讓爸媽很不好意思，新朋友們會因為孩子這樣的互動模式而不再願意一起玩，被列為拒絕往來戶。但是在家中自己玩遊戲也都不會有這樣脫序的狀況出現，不知道如何透過機會教育，讓小巧學習正確的互動方式？

解讀孩子行為與建議

❶理解孩子出現不合適互動方式的關鍵訊息（人物、事件、時間、地點）

請爸媽先記錄小巧出現不合適的互動方式的時間點，可能是在戶外環境？還是在室內的親子空間？接下來再找找看，是在哪些人或事件下，小巧會出現較為暴力的行為，可能是小朋友較多的時候？還是小朋友手上有小巧喜歡的玩具？又或是看到小朋友在玩，而小巧想要加入的時候？爸媽們儘可能地詳細記錄下來，以便在後續可以創造練習的模擬情境。

❷整理孩子行為表現的情境與模式，藉此製作情境練習的關鍵

爸媽可以依據自己整理的資料，找出可能讓孩子出現不合適互動行為的情境，接下來，就可以在家中設計訓練互動技巧的狀況題了。也許家中沒有那麼多小朋友，但是可以請其他家人協助，進行角色扮演和狀況模擬。

❸在家中製造人際互動情境，練習合適的互動技巧

請家人一起進行情境練習，練習過程中需要小巧學習①分享、②輪流、③等待、④表達借

和還。

在過程中可以由家人先示範（小巧的角色），讓小巧知道在這個時間點是需要開口跟他人「借玩具」，而不是伸手去搶，等待他人同意之後，自己才可以玩，並且在特定時間後需要歸還給原本的主人。在角色扮演的活動中，爸媽可以將「正確行為」和「錯誤行為」互相搭配，增加孩子的經驗值。

❹ 透過其他輔助資訊，建立孩子的人際互動技巧

可以透過卡通影片、繪本故事等不同的方式，鼓勵小巧學習合適的人際互動技巧，也可以透過這些影片或故事，讓孩子知道，各種不同情境都需要有不同的互動模式出現。

寫給父母的話

學習人際互動也像爬樓梯，一步一階，也許走得比較緩慢，但是有我們的陪伴，孩子一定會長大，並且在人際互動中找到朋友與樂趣。

推薦可以和孩子透過遊戲來訓練**互動力**、**觀察力**。

情境故事二十一

二歲半的小庭最近讓爸媽有點擔心，自從到了托嬰中心之後，似乎變得很敏感，好像有滿滿情緒說不出口，常常會大哭大鬧，也問不出個所以然來。爸媽也有詢問托嬰中心的老師小庭在校表現如何，老師的評價都是「小庭在班上很乖，配合度也很高，只是有時候比較安靜，比較不像其他孩子那樣活潑地與人互動，小庭稍微被動一些，需要給予鼓勵。」

這樣的回饋也讓爸媽很疑惑，明明在家中就會大哭大鬧也很容易激動，到學校去反而就變成另外一個人？就算有種種疑問，爸媽還是想要找到解決小庭表達和解決情緒的方法，也希望孩子在學校可以開心一點，應該要怎麼做才好呢？

解讀孩子行為與建議

❶分辨不同情境下，孩子的表達模式與內容

也許小庭在家中會使用句子表達，特別是和爸爸媽媽一起吃飯的時候，會告訴家人「我要吃這個菇菇，菇菇很好吃！」也會在睡前要求媽媽說故事「我要聽小老鼠的故事！」同樣是表達自己的感覺和需求，在托嬰中心小庭就只習慣「簡答」，例如老師問小庭喜不喜歡吃香菇，她只是點點頭說「嗯」。同樣的，如果小庭想要聽故事，她也只是默默地拿著故事書，坐在地上看書。

❷透過角色之間的對話，幫助孩子把話說出來

明白孩子可能因為團體生活適應不順利，可以在家庭輕鬆的氣氛下，和孩子一起玩玩角色扮演的遊戲。拿出各種玩偶或是挑選孩子喜歡的角色，一起來玩「上學」的遊戲。孩子可以當老師，然後教小玩偶們如何表達自己的需求，當然，此時爸媽挑選的玩偶角色也可以試著呈現小庭在學校的狀態，並且說出自己的需求。例如：小熊寶寶很想聽故事，所以他舉手問老師：「我可以聽故事嗎？」

❸交換角色，讓孩子知道其實自己可以很勇敢的說出想法和需求

等孩子習慣玩偶的角色扮演遊戲之後，爸媽也可以鼓勵小庭選擇自己想要當哪一個角色，然後可以負責照顧小朋友、如何幫小朋友或玩偶說出他們的需求……等。接下來可以加入孩子喜歡的故事繪本，讓孩子多累積不同的人際互動經驗，有可能在團體生活中發生怎樣的事件，讓孩子面對困難不慌張。

❹保持暢通的溝通管道，讓孩子在學校體驗生活

鼓勵孩子進入學校，把家中練習的活動類化到教室內，也可以將家中的遊戲內容讓老師知道，請老師多多留意孩子的情緒變化，給予適度的協助。在每天上學之前，也可以和小庭約定，今天一定會是很棒的一天，爸爸媽媽也會期待小庭放學回家，跟大家一起聊天分享各種有趣的事情。

寫給父母的話

新環境的調適是孩子成長的挑戰之一，除了同理孩子的感受外，爸媽也要試著融入孩子的角色，和孩子一起體驗、一起成長。

推薦可以和孩子透過遊戲來訓練**表達力、情緒力**。

情境故事二十二

將近三歲的小聰明最近讓爸媽很困擾，因為幼兒園老師反應，小聰明是很有活力的小孩，在教室裡總是有用不完的精力。雖然動態活動表現很不錯，但是在靜態活動上就無法順利地配合大家了。例如：小朋友需要合力組成一座樂高積木城堡，他總會迫不急待地搶第一個拿積木、第一個把積木疊上去。但是，需要冷靜觀察和穩定地擺放積木時，他的動作太快太大，反而讓積木城堡倒下來，讓同學們都一直抗議……。老師也發現小聰明對於團體規則和活動的觀察力比較弱，常常跟不上大家的臨場移動或是活動轉換，需要提醒他，才會赫然發現大家已經換到其他區塊活動了。爸爸媽媽想要在家中訓練小聰明能夠多觀察環境，不要常常一個人自嗨、活在自己世界裡，應該要怎麼做呢？

解讀孩子行為與建議

發現孩子在家中的表現也許會和在學校不同，因此良好的訊息溝通以及孩子行為的觀察記錄就非常的重要。

❶ 了解並收集孩子在團體生活中出現的行為（好行為和不適切行為）

在資料收集過程中，家長也可以多鼓勵孩子、讚美孩子的正確互動行為，例如：「剛剛老師說你今天做了一個很棒的積木城堡，很厲害喔！回家後可以再做一個送給爸爸嗎？」避免孩子對於「老師跟爸媽說話」這個舉動產生不好的經驗，當然，也可以和老師透過其他的溝通管道，儘量不當面談話，也是一個好的方法。

❷ 根據老師提供的資訊，找尋相關的繪本故事主題

在親子共讀過程中，爸媽可以了解孩子對於團體生活中發生的大小事件、人際衝突……等的看法與反應，所以我們可以挑選與人際互動和團體生活相關的繪本主題，作為每天和孩子一起閱讀談心的媒介。挑選繪本主題儘量廣泛，不一定要限於「想要改正孩子行為」的目標。可以加入各種好的人際互動經驗，也鼓勵小聰明一起學習好的互動技巧。

❸搭配學校訊息與繪本故事，設定在家裡練習人際互動的主題

收集並整理了小聰明在學校的種種行為之後，爸媽可以根據他的行為搭配繪本來設定主題。例如：今天小聰明在學校因為急著要完成自己心目中的城堡，而破壞了其他小朋友的創作！這時，我們可以搭配有關「合作、輪流、分享」的故事主題，先讓小聰明知道在人際互動中，大家都喜歡的行為表現。隔天，爸媽可以做故事的回顧遊戲，把故事內容一邊說、一邊畫出來，然後問問孩子：「如果故事裡小熊不想和小豬一起完成積木，想要一個人偷偷拿走自己玩，故事會變成什麼樣呢？」這部分可以和孩子一起討論，並且邀請孩子一起創作故事。

❹親子共同創作屬於自己的人際互動故事

延續上一個步驟，孩子針對爸媽所提出的問題進行故事改編，這個故事也許加上了小聰明自己在學校的真實經驗，我們也不需要過於強調要如何「改正」，而是將目標放在如何「解決小熊因為想要自己完成而拿走玩具，所產生的問題」。鼓勵孩子以第三人的角度看看，這樣的互動行為是否可以被大家接受？如果你也不喜歡，要如何來幫助小熊享受大家一起合作的樂趣？完成了故事，我們一定要讚美孩子擁有的創意，並且鼓勵他可以和小熊一樣，在學校享受和同學一起合作完成遊戲的樂趣。

寫給父母的話

並非所有的不適切行為都要很強硬地立刻制止，我們可以換個角度，了解孩子的初衷，透過間接的、第三人角度的方式，鼓勵孩子省思並且自我調整，相信孩子的成長與努力！

推薦可以和孩子透過遊戲來訓練**觀察力**、**專注力**。

情境故事二十三

快滿三歲的玲玲最喜歡和爸爸媽媽在一起了，總是希望媽媽可以陪她一起看故事書、爸爸可以跟她一起玩小熊扮家家酒的遊戲。但是，自從弟弟出生之後，玲玲開始常常發脾氣，一下子一定要大家都陪她玩、一下子又要媽媽說故事給她聽，如果沒辦法立刻滿足她，就會哭鬧不停，真的讓爸媽好困擾。

聽身邊朋友說可以讓玲玲去上學，學校有玩伴一起玩比較不會寂寞，但是爸媽擔心玲玲還沒做好心理準備就要把她送去幼兒園，會不會從此就讓她留下不可抹滅的陰影？或是在家中可以先練習哪些重要能力？，讓玲玲進入幼兒園不會如此慌亂？身為家長的我們真的很擔心，應該怎麼做才好呢？

解讀孩子行為與建議

了解到玲玲出現反常行為的原因可能來自於弟弟的出現，所以請爸爸媽媽仔細回想與記錄自己陪伴孩子的時間。

❶ 請父母檢視與記錄陪伴孩子的時間

我們是否曾因為忙碌而遺忘了和孩子的約定？也許我們會不自覺地把焦點都放在弟弟身上？可能因為時間不夠讓我們和孩子好好說話，以致於態度與口氣有所不同？請爸爸媽媽彼此觀察並記錄下來，過程中會發現自己無意間的轉變，可能已經引起孩子心中小小的埋怨或是影響了。

❷ 請父母互相討論並協調自己可以陪伴孩子的時間

檢視親子時間過後，爸媽可以彼此協調分配。可以討論出兩個孩子的需求與時間段，例如：玲玲希望由媽媽幫她洗澡，時間差不多會在八點半左右，此時爸爸可以協助弟弟的安撫與陪伴，由兩人規劃時間分配，分成兩組進行親子互動。在彼此協調與討論過程中，會發現隨著年齡增加，孩子的需求也會隨之轉變，爸媽也要跟著一起調整。

❸讓孩子知道互動模式的改變

爸媽可以讓玲玲知道，為什麼以前是兩人一起陪伴，而現在變成只有媽媽或爸爸一人，但是，在陪伴過程中，產生的樂趣和歡樂，卻不會有所折扣。例如：媽媽幫玲玲洗澡時，可以多留一些時間，換好乾淨衣服、吹好頭髮，一起坐在床上聊聊天或唱唱歌；或者爸爸陪玲玲遊戲時，把作品保留到晚一點讓媽媽看，給媽咪一個驚喜，並且預約「等弟弟長大一點，我們也一起堆積木給弟弟看，給弟弟一個驚喜！」

❹了解孩子在學校的表現並且給予適度的關心

在親子互動過程中爸媽可以在活動中加入「分享」的習慣，分享上班時的點點滴滴，特別是自己覺得有趣的事件，也可以請玲玲說說看「妳覺得爸爸這樣做是不是很厲害？表現很棒吧？」接下來，也可以逐漸鼓勵玲玲也分享一下學校發生的有趣事件。

如果孩子當下無法順利說出學校經驗，爸爸媽媽也可以透過與學校老師溝通的訊息和玲玲聊聊輕鬆的話題，建立孩子願意分享的興趣與能力。例如：爸爸可以說「聽老師說妳今天學會唱貓咪的兒歌，唱得很棒，妳可以教我嗎？爸爸小時候也會唱，但是我好像忘了，我唱唱看……跟妳學的一樣嗎？」

寫給父母的話

隨著孩子成長與發展，情緒與需求一定會日益轉變，爸爸媽媽隨時保持調整的彈性與觀察的敏銳度，和孩子一起成長！

推薦可以和孩子透過遊戲來訓練**情緒力**、**表達力**。

PART 2

家庭活動與目標能力訓練

0~3歲幼兒專注力家庭遊戲

- 遊戲名稱：**我愛打掃！**
- 遊戲時間：**20分鐘**
- 遊戲材料：**黏土或米粒、小掃把、小畚箕（沒有也沒關係）**
- 遊戲目的：**透過有趣的遊戲方式，讓孩子有機會學習大人的打掃行為，在重複的打掃動作練習之下，提升其專注力與自信。**

遊戲引導：

① 先用視覺、嗅覺及觸覺讓孩子觀察黏土，用眼睛看、鼻子聞、手指頭摸摸看，鼓勵孩子先用自己的方式玩玩看，爸媽於一旁觀看以防孩子把黏土放進嘴裡，倘若真的不小心放進嘴裡了，也請先不要慌張，輕喚孩子的名字請他吐出來即可。

② 爸媽示範將黏土用兩隻手指頭（大拇指跟食指）捏出一片一片的黏土，約指甲片大小，大一點、小一點也沒關係。將一片片的黏土放在桌上，邀請孩子一起玩捏黏土片的遊戲，在捏的同時可以一邊加上聲音說：「捏捏捏、捏起來，一片又一片。」或者當時想搭配的任何聲音。

③ 現在桌上佈滿黏土片了，拿出小掃把和小畚箕，向孩子示範用如何把黏土片掃起來，

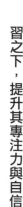

接著鼓勵孩子試試看。

④除了用小掃把收集黏土之外，也能示範手抓一顆小黏土，用它把桌上的黏土片通通黏回來，動作就像蓋印章那樣。

⑤遊戲的延伸玩法還可以用米粒取代黏土，讓孩子充分探索與認識米粒之後，用小掃把將米粒收集起來倒進碗裡。簡單、重複性高且富有生活化的遊戲，是這個年紀的孩子特別喜歡玩且能讓他們專注的遊戲。

0~3歲幼兒專注力家庭遊戲

- 遊戲名稱：**動動手腳，我最棒！**
- 遊戲時間：**20分鐘**
- 遊戲材料：**常用的日用品、小樂器、獎勵貼紙**
- 遊戲目的：**透過觀察家人的動作變化與模仿，搭配聽覺指令的執行，維持專注、手眼協調，成為最棒的小小選手。**

遊戲引導：

①在桌面上擺放三到五種常見物品，與孩子討論要選擇哪些。可以是小樂器、小汽車、杯子、積木……等，和孩子面對面，姿勢可以依據家中習慣站立或坐著。

②首先，由媽媽當老師，爸爸和孩子跟著一起做。第一階段會以一個動作為主。例如：媽媽說：「拍手」，然後媽媽先拍手，接著請爸爸和孩子一起做，完成任務可以得到一張獎勵貼紙。

③也可以調整指令的形式，媽媽也可以選擇不說話，直接請孩子以眼睛注視並且跟著模仿。

④接下來增加難度，爸爸可以說：「請你跟我這樣做，摸頭、摸汽車」，一樣由爸爸先

完成之後，再請媽媽與孩子模仿。

⑤如果孩子無法立刻模仿，爸媽可以放慢速度，重複一次指令與動作，鼓勵孩子再試試看。或者孩子也可能只完成了一個動作（摸頭），沒有摸汽車，此時先和孩子一起補做「摸汽車」，然後大家再一起重複完整的指令動作。

⑥如果孩子順利完成兩個動作，爸媽要記得讚美並且給予孩子一個獎勵貼紙。接下來，可以換爸媽輪流出兩個動作的題目。

⑦遊戲步驟和動作複雜度，可以視孩子的表現隨機應變調整，當然也可以讓孩子當發號施令的老師。在遊戲過程中也觀察家中寶貝的肢體協調與專注力，更可以看見他的創意，真是一舉數得！

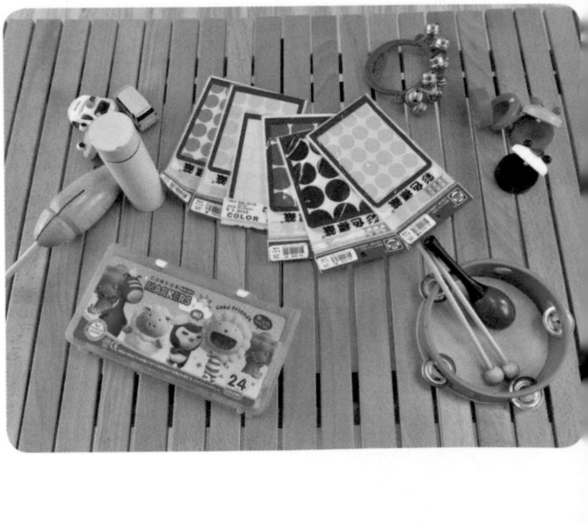

0～3歲幼兒專注力家庭遊戲

- 遊戲名稱：**我是小歌星！**
- 遊戲時間：**20—30分鐘**
- 遊戲材料：**幼兒喜愛的兒歌、可敲打的樂器（鈴鼓、小鼓）**
- 遊戲目的：**利用幼兒喜歡的兒歌，進行歌曲接龍或是樂器伴奏，一方面吸引孩子注意聆聽兒歌歌詞順序，另一方面可以讓孩子理解指令，依照指令敲打各種相對應的樂器。**

遊戲引導：

①收集孩子熟悉、喜愛的兒歌，除了爸媽學著唱兒歌之外，也可以針對兒歌進行改編，進行更進一步的遊戲練習。

②在親子互動時間中，爸媽可以自己哼唱，若真的無法執行，也可以使用電子產品播放，但記得爸媽要陪著孩子一起唱。

③爸媽可以自由操控播放段落，可以在一句完成後或隨機暫停，停止之後先觀察孩子是否有所反應，如果孩子這時發出一個簡單的聲音，就可以立刻繼續播放或是哼唱。在歌曲過程中，也可以和孩子拿出樂器一起敲打玩樂。

④等待孩子逐漸熟悉遊戲，我們就可以把停止的時間提前，可以和孩子一起接龍。從歌

曲中間逐漸變成每一句兒歌的末段，請孩子接唱最後一個字或是詞彙。

⑤ 若孩子專注聆聽並且接出正確詞彙，爸媽要立刻給予大大的讚美，告訴孩子：「你唱的真棒！」

⑥ 除了歌曲接龍之外，爸媽也可以加入樂器的操作指令。例如：「一閃一閃亮晶晶，滿天都是○○○（這一詞彙留給孩子接龍）」，唱完請拿鈴鼓搖一搖，讓孩子增加理解更多指令的訓練，也提升遊戲的活潑度。

0～3歲幼兒專注力家庭遊戲

- 遊戲名稱：I'm watching you.
- 遊戲時間：**10分鐘**
- 遊戲材料：**紙杯數個、能夠放進紙杯的小玩具或單張的小貼紙**
- 遊戲目的：**透過練習視覺專注的遊戲與獎勵，提升孩子持續在專注力練習的時間與動機。**

遊戲引導：

① 爸媽事先收集一點孩子會有興趣的小玩具或小貼紙，當作孩子進行遊戲時的增強物，以提升孩子在遊戲過程中願意不斷嘗試的動機。

② 一開始先把一個紙杯倒扣在桌上，開口朝下蓋在桌面上，旁邊放著一個小玩具或小貼紙，當著孩子的面將玩具或貼紙放在紙杯下，蓋住，最後邀請孩子找出消失的玩具或貼紙在哪裡。大部分的孩子會覺得超級簡單，馬上就能夠找到了，於是便能夠開始加深難度，若孩子的年紀比較小還不是很理解，爸媽可以重覆示範把玩具或貼紙放進去的過程，再邀請孩子試試看。

③ 第一關（一個紙杯）過關之後，難度提升為兩個紙杯和一個玩具（或貼紙），一樣先當著孩子的面將玩具放入兩個紙杯中的其中一個，再邀請孩子找出來。

④第二關也通過了之後，爸媽可以預告孩子要增加難度囉，詢問孩子是否願意接受更難的挑戰，接著把兩個紙杯的位置互換，再邀請孩子找找看。

⑤後續的變化爸媽可以依照孩子的狀況來調整，如果孩子找到玩具的時間開始拉長了，可能代表對孩子來說有點難，因此可以維持同一關直到孩子熟練之後再進入下一關。甚至如果發現孩子太過挫折也可以退回前一關再多做些練習，幫孩子建立一點自信再進入下一關。

⑥增加難度的方式包含了用更快的速度藏玩具、互換紙杯的位置之外，還可以調整紙杯的數量，但要注意難度不要一下子提升太多，這樣孩子會比較容易放棄，不但沒辦法進行專注力的練習，也無法慢慢地提升自信。至於遊戲中的小玩具和小貼紙是不是要送給孩子當獎勵，或者成功幾次之後再當成獎勵，爸媽可以依照孩子的狀況來調整，單純以口頭鼓勵也是很棒的。

0～3歲幼兒表達力家庭遊戲

- 遊戲名稱：故事創作小高手
- 遊戲時間：30－40分鐘
- 遊戲材料：廣告傳單、雜誌、圖畫紙、彩色筆、剪刀、口紅膠（可參考附錄1～4）
- 遊戲目的：透過剪貼，讓孩子將關鍵事物結合，並且以自我經驗為基礎，創作出一本屬於自己的故事書，將理解力和表達力具體呈現！

遊戲引導（以3歲幼兒為例）：

①和孩子一起整理廣告傳單或是過期的雜誌，將自己感興趣的圖片或是情境剪下來分類收集。例如：人物、食品、玩具、動物……等。

②一起討論遊戲主題，爸媽可以引導孩子歸納出「關鍵訊息」，包含人物、時間、地點、事件、結局，協助孩子分類與整合。

③從歸類好的圖片中選出適合的（自己畫也可以）。此時爸媽可以協助孩子一起先把故事的

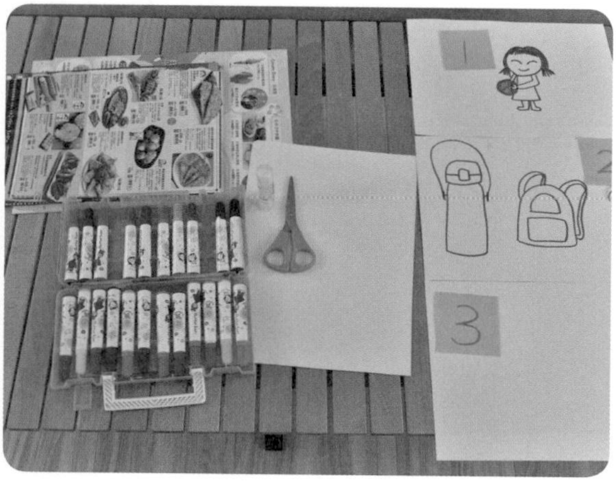

前後順序整理出來，並且討論圖案要貼的位置，或是需要由爸媽額外幫忙畫哪些圖案。

④接下來就是依照故事流程，貼上圖片和畫圖的親子時光了。爸媽可以一邊創作、一邊幫助孩子將故事說得更完整。例如：孩子可能說「去公園玩球」，那麼爸媽可以問他：「有哪些人一起去呢？」「他們需要帶水壺或背包嗎？」鼓勵孩子多注意細節，讓故事更豐富。

⑤完成之後將圖畫紙依照故事順序排列好，並且用膠帶或繩子裝訂成一本書，或是可以翻頁的型態。

⑥最後就是說故事時間了，由爸媽主講，再請孩子補充細節。當然，爸媽可以故意說錯或是疏忽某一些細節，讓孩子有機會將故事說得更完整，增加自信心，也鼓勵孩子專心聆聽，為自己的專屬故事喝采！

0~3歲幼兒表達力家庭遊戲

- **遊戲名稱：逛逛超市樂趣多**
- **遊戲時間：20—30 分鐘**
- **遊戲材料：辦家家酒玩具、白紙、彩色筆（可參考附錄 5~10）**
- **遊戲目的：透過扮家家酒遊戲，鼓勵孩子表達出自己所知道的物品名稱，在遊戲過程中家長示範句子，包含問句和答句，在自然情境中建立孩子的理解能力和表達能力。**

遊戲引導（以2.5歲幼兒為例）：

①將家中的玩具找出來並且分類，和孩子討論今日遊戲主題，一起選出需要使用的玩具（例如：今天主題是逛超市。）

②和孩子討論並列出今天的購物清單（可寫或畫在紙上），此外也要製作鈔票及錢幣，在結帳時使用。

③爸媽其中一人扮演店員，另一位就陪孩子逛超市選物。

1.引領孩子一一說出清單上所畫之物品名稱

由陪孩子的媽媽詢問：「購物清單上有好多東西喔！我們一起看看吧。你有看到哪些水果呢？」

2.練習使用問句

媽媽：「請問老闆，你們有賣很大的紅色蘋果嗎？」

店員爸爸：「我們有兩種，一個比較大、一個小一點，你們想要哪一個呢？」

媽媽：「我想要比較大的這一個，看起來很好吃！妹妹呢？妳也喜歡大一點的嗎？」

此時等待孩子回答後，再進行下一項物品的採購。

④由家長示範問答約二至三輪之後，就可以由孩子練習向店員提問，媽媽則在旁觀察並且協助孩子理解問句，進而延長孩子所使用的句子。建議在對話中可多用一點形容詞，包含顏色、形狀、大小、數量……等等的概念，皆可使用。

⑤結帳情境中，店員可以一邊示範數量和數字的概念，例如：一顆大蘋果、一隻玩具熊、一串葡萄。然後利用事先畫好的錢幣告訴孩子：「總共是十二元，謝謝。」此時店員爸爸可以在紙上寫出數字十二，媽媽則協助孩子一起找找寫有正確數字的錢幣，並且進行付款。

⑥最後進行購物總結，和孩子一起回顧這次購物的感覺，也可以討論下一回遊戲的角色扮演和主題延伸，逐漸在遊戲中累積孩子日常對話的經驗與表達能力。

MARKERS
24

0～3歲幼兒表達力家庭遊戲

- 遊戲名稱：塗鴉故事接龍
- 遊戲時間：15 分鐘
- 遊戲材料：圖畫紙、彩色筆或蠟筆、孩子喜歡的繪本故事
- 遊戲目的：透過孩子熟悉的繪本故事暖身，搭配塗鴉說故事的方式，引導他們在有視覺提示的情況下，表達自己的想法。

遊戲引導：

① 爸媽先陪孩子閱讀喜歡的繪本故事，建議在第一次進行這個遊戲的時候，先挑選情節簡短且有重複性的故事。例如：好餓的毛毛蟲。

② 準備好畫紙和畫筆，邀請孩子一起將故事畫出來，由爸媽引導先畫出故事開頭，例如：故事的主角和背景是一隻在樹葉上的毛毛蟲。同時要留意孩子的能力，若孩子塗鴉的經驗不多，爸媽可以很簡單地先在紙上畫一個（不是那麼圓）的綠色圈圈，然後說它是毛毛蟲。

③ 接著爸媽可以邀請孩子挑一個喜歡的顏色，畫一隻自己的毛毛蟲。因為對未滿三歲的小孩來說畫圓是有困難的，因此只要他能夠在紙上隨意地畫幾筆就可以囉！（也可以

用圓點貼紙來代替）。

④然後就要一起說故事囉！爸媽先示範故事的開頭：「從前從前，有一隻綠色的毛毛蟲，牠扭啊扭啊散步著，然後遇到了＿＿＿＿（用手指著孩子畫的那隻毛毛蟲，引導他回答。如果孩子回答不出來，爸媽可以試著提示他說：「是紅色的＿＿」），牠們兩個都覺得肚子好餓喔……」

⑤在說故事的過程中觀察孩子的反應，如果他很有興趣也很能夠加入說故事的過程，那就讓他繼續說下去，同時試著加入簡單的圖畫；如果孩子說不出來，也可以請他用畫的，然後由爸媽指著圖畫引導他表達。

這個遊戲適合所有年齡層的小孩，只是他們能夠做到的塗鴉和口語表達能力，會依各自的發展而有所不同。建議爸媽可以先觀察孩子的程度，給予難易度適中的練習，幾次的遊戲練習之後，相信孩子的表達能力會有明顯的進步喔！

Wash Your Hands, Mr Panda
Steve Antony
MARKERS
24

0~3歲幼兒表達力家庭遊戲

- 遊戲名稱：〇〇肚子餓了想吃東西（角色扮演）
- 遊戲時間：15分鐘
- 遊戲材料：從孩子的玩具中尋找適合擔任角色扮演的角色，例如：洋娃娃、布偶、動物模型（以生物為挑選原則）、玩具食材、黏土或積木（假裝食物）
- 遊戲目的：透過角色扮演的方式，引導與鼓勵孩子表達需求，並在過程中能夠滿足其需求和提升自信。

遊戲引導：

① 爸媽可以在進行此遊戲之前，先觀察自己的孩子習慣的遊戲方式為何？習慣自己一個人默默地玩遊戲？還是喜歡自言自語地玩呢？或喜歡找人一起玩？在玩的時候是否有出現假裝或者角色扮演的元素嗎？例如：假裝自己是廚師要煮飯給你吃？或者就是單純玩玩具呢？不論你的孩子習慣的遊戲方式為何，都還是很推薦爸媽可以邀請孩子一起進行這個角色扮演遊戲喔！

② 首先，先以孩子會感興趣的玩具設計簡單的劇本，例如：孩子喜歡水果切切樂玩具，劇本就可以設計成小動物肚子餓了要吃水果；如果孩子喜歡的是車車，劇本也可以設

計成洋娃娃要搭車去公園或是任何孩子喜歡的地方。以下先以「小動物肚子餓了要吃水果」來做示範。

③首先，邀請孩子一同遊玩他喜歡的水果切切樂遊戲，這個時候爸媽可以先協助孩子替遊戲配音當作暖身，例如：「切切切，切水果，切——（搭配孩子切水果的動作）蘋果，哇！蘋果變成兩半了！」

④先讓孩子滿足一下切水果的遊戲，接著爸媽拿著小動物模型加入，例如：「（拿著小狗）汪汪！我的肚子好餓好餓喔！有沒有東西可以給我吃呢？（看著孩子）」這個時候孩子可能會把手上的水果遞給小狗，因此爸媽要用小狗的角色和聲音向孩子說謝謝。

⑤接著，爸媽可以切換到旁白或者外人的角色對著小狗說：「小狗你吃飽了沒啊？（然後看向孩子）」孩子可能會替小狗回答：「還沒有。」然後爸媽就可以看著小狗再問：「那你還想吃什麼呢？（然後看向孩子）」就這樣一來一往地玩下去。

⑥如果孩子無法出現自發性的回應也沒關係，爸媽可以先自行示範和小狗一來一往的問答，先允許孩子以旁觀者的角度在一旁觀察，並且適時的再度邀請孩子加入，或者即使孩子無法以口語表達，但若能夠伸手提供水果給小動物也是很棒的參與了。

0～3歲幼兒探索力家庭遊戲

- 遊戲名稱：**魔法師，大展身手！**
- 遊戲時間：**30－40 分鐘**
- 遊戲材料：**家中常見物品、玩具、大浴巾或毛巾**
- 遊戲目的：**藉由特定物品與環境的變化，鼓勵孩子進行探索與觀察，並且發揮創意，讓常見的物品有更多變化，當個神奇的魔法師！**

遊戲引導：

① 大家一起討論要在哪個區域進行魔法師遊戲，可以選擇一個寬敞的空間，例如：客廳。

② 將事先準備好的物品全部排開，並且先選出五到八個做為第一關的題目。

③ 遊戲角色分別為魔法師及參賽者，此時由媽媽先當魔法師，示範把這些東西分別擺在不同的位置，然後蓋上大浴巾或毛巾。參賽者則不可以偷看，必須先離開該區域，增加神祕感。

④ 魔法師要給參賽者提示，可以先從位置開始，例如：「現在沙發旁邊有兩個寶物，分別用藍色和白色毛巾蓋著，請找出來交給我。」

⑤ 由爸爸帶著孩子依提示進行探索，將寶物找出來交給魔法師，獲得下次當魔法師的資

格。

⑥ 接下來便將區域擴大，不限單一地點，增添遊戲樂趣和挑戰性。

⑦ 如果在不同情境的探索遊戲讓大家意猶未盡，那麼便能增加寶物的數量，讓孩子發揮記憶力和探索力，好好地大展身手！

0～3歲幼兒探索力家庭遊戲

- 遊戲名稱：**尋寶遊戲**
- 遊戲時間：**10 分鐘**
- 遊戲材料：**爸媽和孩子的衣物、玩具、安全的日用品**
- 遊戲目的：**透過尋寶遊戲，爸媽能夠示範和引導孩子練習如何探索與挖掘寶藏。鼓勵孩子在熟悉的環境下，嘗試去摸索未知的事物，藉以提升探索的動機。**

遊戲引導：

① 準備爸媽和孩子的衣服各一件（一開始最好先用孩子熟悉的），將三件衣服鋪在地墊上或床上，爸媽帶著孩子先摸摸看、聞聞看、躺躺看、拿起來抖抖看，讓他猜猜這三件衣服分別是誰的？

② 接下來在孩子面前，將他熟悉的玩具藏到某件衣服底下，例如：他的玩具車，然後請把它找出來。用同樣的玩具重複這個遊戲幾次後，再換另一個玩具。

③ 等孩子熟悉尋寶的遊戲方式之後，接著要趁他不注意的時候，把玩具或安全的日用品藏到衣服底下，例如：遙控器，再請他去找找看衣服底下有什麼。若孩子找到了，也能夠鼓勵他說出正確的物品名稱。

④ 遊戲的延伸玩法包含了增加更多件的衣服及玩具數量之外，也能夠開始加入孩子較不熟悉的物件。而當孩子找到時，先陪孩子觀察及瞭解這個不熟悉的物品。最後爸媽和孩子更可以互換角色，讓孩子來當埋寶藏的人。

0～3歲幼兒探索力家庭遊戲

- 遊戲名稱：小小探險家，出發！
- 遊戲時間：20 — 30 分鐘
- 遊戲材料：幼兒常用物品、玩具、彩色絲巾
- 遊戲目的：透過製造尋寶情境，鼓勵孩子利用聽覺、視覺、觸覺、動作協調……等能力，依據爸媽的提示找尋寶物，一起當個小小探險家吧！

遊戲引導：

① 觀察家中孩子喜愛與感興趣的玩具和物品，並簡單地分類。例如：聲光玩具類、生活用具類、安撫物品類、繪本圖卡類，分類的目的在於協助爸媽做出適當的提示語。

② 先將這些種類的物品放在不同地點，可以在各種家具的任何方位（以孩子站起來或伸手拿得到的安全高度與位置為主），蓋上各種顏色的絲巾。

③ 請爸媽給予寶物的提示，例如：現在要找「可以刷牙的東西，它放在爸爸書桌的旁邊，有紅色絲巾喔！」此時爸媽也可以協助探險，適時強調提示的重點，像是「刷牙的東西」、「爸爸書桌旁邊」及「紅色絲巾」。

④ 當孩子找到物品時，記得給予大大的鼓勵，並且和他一起重複該物品的功能、位置、

對應絲巾的顏色，也可以拿起紅色絲巾，在空中揮一揮，或是以絲巾輕輕包覆孩子身體，讓他感受一下絲巾的柔軟觸感。

⑤ 接下來繼續完成所有的尋寶探險，也可以針對孩子的肢體動作與各種感官，進行更多元的活動設計。

0~3歲幼兒探索力家庭遊戲

- 遊戲名稱：**森林躲貓貓**
- 遊戲時間：**20分鐘**
- 遊戲材料：**童軍繩、衣物、毛線、絲巾、布料（各種材質都可以）、布球或小皮球**
- 遊戲目的：**透過接觸不同的材質，引導孩子主動探索與發現，並且搭配躲貓貓遊戲，讓孩子在輕鬆的遊戲氣氛下，認識以往熟悉和不熟悉的物品和質感。**

遊戲引導：

① 請爸媽事先收集家中不同材質的布料或線材，例如：毛線、孩子的長褲、外套、衣服、絲巾、圍巾……等，並將其綁在童軍繩上，或者用曬衣夾固定住一角，完成的樣子會是將童軍繩拉起來之後，衣物和毛線會自然地垂下來，有長有短的樣子。

② 接著將綁好的童軍繩和衣物隨意地擺放在地上，邀請孩子來摸摸看、拿拿看，感受一下不同的材質及觸感，爸媽可以一邊示範用手輕輕地摸摸或搓搓衣物，一邊說：「摸起來軟軟的、滑滑的。」

③ 當孩子把各種布料質感都摸過一輪了之後，把童軍繩兩端提起，在家中找尋適合綁或掛的地方，把童軍繩像曬衣繩般地吊起來，繩子高度約比孩子的頭部稍高一點，讓孩子不

會撞到頭，但在通行時還是必須掀開的程度。

④把垂釣的布料想像成森林，邀請孩子玩躲貓貓，爸媽可以躲在某件衣服之後，發出聲音邀請孩子來找，透過示範讓孩子知道躲貓貓的遊戲方式，並且引導孩子也去躲起來換爸媽來找。

⑤當孩子熟悉了遊戲方式之後，可以加入一點變化，例如：調整童軍繩的高度，所以孩子有時候可能需要低頭或者趴下才能通過；又或者加入布球或小皮球，將童軍繩高度調低，把球隱藏在其中，邀請孩子一起去找或者踢球。

0～3歲幼兒觀察力家庭遊戲

- 遊戲名稱：表情變變變
- 遊戲時間：30—40分鐘
- 遊戲材料：紙板或不織布、剪刀、魔鬼氈、紙卡
- 遊戲目的：透過製作有表情變化的人物面具，除了加強孩子對於表情的觀察力之外，藉由故事情境創作，加深孩子對於特定情境與人際互動的觀察經驗。在遊戲中孩子可以自由創造想像故事內容，並與爸媽一起分享，也能協助家長從更多面向理解自家寶貝的想法。

遊戲引導（以3歲幼兒為例）：

①與孩子一起討論故事主角，並且在紙板或不織布上畫出臉型與輪廓，協助孩子將其剪下來。

②製作不同的五官和表情，例如：嘴巴有開心的、生氣的、害怕的、哀傷的，而眉毛、眼睛、鼻子、耳朵也可以有各種情緒型態。

③在小紙卡上畫出特定情境，例如：天氣很熱、手上拿好多東西、玩具壞掉了、得到生日禮物……等等。

④ 完成人物臉部輪廓以及五官表情型態之後，大家開始遊戲。爸媽先抽情境小紙卡，示範依據抽到的情境編造故事。例如：抽到「玩具壞掉了」，爸爸開始編故事。

「有一天，小寶很開心地玩著玩具，他最喜歡機器人了！」（此時，大家拿出主角的輪廓紙板，貼上開心的表情）。接下來爸爸繼續故事：「可是小寶一個不小心，讓機器人從桌上掉下去，整個壞掉了……」（此時換上驚嚇的表情）。最後爸爸完成故事「小寶哭得很傷心，他的玩具壞掉了。」（此時再度換上傷心的表情）。

⑤ 也許此時孩子不見得可以完整述說一個故事，所以爸媽可以從旁協助一起完成。也可以採取輪流的方式，讓孩子玩故事接龍，主要是可以讓他觀察到情緒和表情的變化，藉此加強他觀察情境和表情的連結觀察力。

0～3歲幼兒觀察力家庭遊戲

- 遊戲名稱：**繪本尋寶**
- 遊戲時間：**15分鐘**
- 遊戲材料：**以圖畫為主的繪本故事**
- 遊戲目的：**透過爸媽與孩子共讀的時間，培養孩子視覺觀察與搜尋的能力。**

遊戲引導：

① 與孩子一同挑選要共讀的繪本故事，建議用圖片清晰的繪本來訓練孩子的觀察力，而內容最好有至少一半以上是孩子指認的出的物品。

② 爸媽陪孩子共讀的過程中，可以配合故事情節，邀請孩子練習指認。例如：「從前從前，有一隻兔子」，然後看著孩子提出疑問：「兔子在哪裡呢？你可以幫我指出來嗎？」

③ 除了練習指認出每一頁不同的物品之外，還可以挑選最喜歡的幾頁，在最後和孩子玩玩繪本尋寶遊戲。例如：可以翻到某一頁然後邀請孩子「找找看，樹木在哪裡呢？你有看到毛毛蟲嗎？有沒有發現樹上還有什麼東西？」

④ 如果孩子對這樣的遊戲方式很感興趣，那麼就再做一點進階的遊戲，也就是在故事說完之後，先闔上書本，爸媽隨機挑選一個人物或情節。例如：「兔子在樹下睡覺。」

然後再邀請孩子去翻書，找出該畫面。

有的爸媽可能會有疑問，認為這樣邊說邊玩的方式，是不是會影響到整個故事的流暢度，或者甚至玩到一半孩子也累了沒辦法把故事聽完。但其實對 0 到 3 歲的孩子來說，故事的完整度並不是那麼重要，他們更享受的是當下和爸媽的遊戲過程。因此這樣的遊戲方式其實不需要給予爸媽和孩子太多限制，即使這次故事沒有說完，下次也可以再繼續。此外，爸媽也可以在平時共讀的時候，加入觀察力的遊戲和單純的說故事時間，不需要每一次都停下來問孩子問題。

0~3歲幼兒觀察力家庭遊戲

- **遊戲名稱：生活用品大搜查**
- **遊戲時間：10分鐘**
- **遊戲材料：無**
- **遊戲目的：透過尋找家中熟悉的生活用品，培養孩子的聽覺理解能力、視覺觀察與搜尋的能力。**

遊戲引導：

① 爸媽邀請孩子一起在家玩尋寶遊戲，規則是：「當我說到＿＿＿的時候，請你把它指（或找）出來。」

② 遊戲開始，先由爸媽擔任出題者，先讓孩子去找，建議一開始先從孩子熟悉的、離孩子身邊較近的東西找起。例如：孩子坐著的椅子就是很不錯的開始。

③ 「請你找出椅子」、「再來找出奶瓶」、「你知道襪子在哪裡嗎？」「你知道媽媽的手機在哪裡嗎？」可以使用不同的表達方式，但同樣都很簡短的問句。

④ 如果孩子的反應不錯也可以逐漸增加難度。例如：「找找看爸爸每天穿去上班的鞋子」、「媽媽上班的背包」……等等。讓孩子練習除了能夠指認之外，還有辦法對應

到物品的所有人，不過若孩子覺得太困難了，就先退回前一個步驟，孩子也才不會感到太挫折而想放棄。

⑤可以交換角色，由孩子出題考考爸媽。

⑥當孩子熟悉這樣的遊戲方式之後，進階版的玩法還可以請孩子去找找家中各種形狀或顏色的物品。例如：「請你找找看家裡有什麼東西是圓形的呢？」「什麼東西是黃色的呢？」

未來當孩子開始上幼兒園，他會經常有機會需要尋找自己的生活物品。例如：學校老師撿到了毛巾之後會問這是誰的？教學現場的經驗告訴我們，這麼小的小朋友很少能認得出自己的隨身物品，但如果我們可以從家中的遊戲開始練習，讓孩子提升觀察與視覺搜尋的能力，未來他將會在這方面有比較大的進步喔！

0~3歲幼兒觀察力家庭遊戲

- 遊戲名稱：【家中小劇場】一起玩，好嗎？
- 遊戲時間：30—40分鐘
- 遊戲材料：兒童常用玩具、圖畫紙、彩色筆
- 遊戲目的：藉由主題式的角色扮演活動，模擬人際互動場合中有可能發生的小劇場，累積孩子對於環境的觀察與互動技巧的經驗值，學會與他人玩！

遊戲引導：

① 觀察孩子近期人際互動狀況，選定角色扮演主題。此時父母可以先了解角色之間的分配與人物設定，也可以用抽籤的方式決定人物。例如：媽媽扮演很害羞的小美，而爸爸則扮演一個活力四射、有點嗨的小明，孩子則可以扮演老師。

② 故事發生的情節可以事先讓孩子知道。透過討論搭配畫圖的方式，讓孩子了解劇本，結局可以採取開放式的劇情。

③ 遊戲開始，請爸爸媽媽以開放的態度和孩子一起進行角色扮演，活力好動的小明（爸爸）可以誇張一點，讓情緒和情境可以貼近真實狀況。此時害羞的小美（媽媽）可以主動告訴老師（孩子）：「我不喜歡小明這樣故意捉弄我、我不喜歡他弄壞我正在玩的積

木！」此時可以看看老師（孩子）的反應，爸媽再決定如何進行下一步。

④頑皮的小明（爸爸）可以主動說：「我只是想要跟他一起玩，我又不是故意的！」此時需要出現旁白：「小明有看見小美表情怪怪的嗎？而且馬上就要上課了，不太適合玩耍喔！」

⑤接下來，繼續完成後續的故事發展，過程與結局可以透過孩子自己的經驗展開，爸媽也可以多了解自家孩子在人際互動場合中，是否具有足夠的觀察力與調整性。

⑥最後家庭小劇場需要一個總結，請和孩子一起討論：「如果下一次想要和小朋友一起玩，該怎麼做呢？需要觀察哪些環境因素和表情？」此外，也可以預約下次家庭小劇場要扮演的主題，增加親子互動的豐富度。

0~3歲幼兒情緒力家庭遊戲

- 遊戲名稱：我不會，請幫幫我！
- 遊戲時間：30—40分鐘
- 遊戲材料：積木、彩色拼圖（色紙）、圖畫紙、彩色筆、剪刀
- 遊戲目的：透過積木堆疊遊戲，製造出孩子失敗或是遇到困難的情境，並且在遭遇問題時可以適度「求救」，請旁人協助一起解決問題。在偶爾的挫折中累積經驗，讓孩子看到爸媽也有失敗需要求救的時候，藉此給孩子建立「大家都會遇到困難，只要勇於提出需求，家人都會樂意幫忙，所以困難並不可怕」的觀念。

遊戲引導（以2.5歲幼兒為例）：

① 和孩子一起討論並在圖畫紙上畫出各種城堡或是積木堆得出來的物品，也可以請孩子協助塗上顏色。例如：用幾塊積木組成的簡易房子，或是結構較複雜的城堡。

② 彩色拼片或是色紙備用（遊戲開始時由大人剪成需要的形狀，當積木拼不起來時的替代工具。）

③ 開始進行遊戲，爸媽其中一人先抽出其中一張圖畫紙當作題目，而剩下的人依據題目開始堆積木。

④簡單的幾何堆疊對於二歲半的孩子不會太困難，但當難度逐漸提高之後，孩子可能會無法完成任務，也會出現情緒。此時出題者的爸爸可以說：「請問有誰需要幫忙的嗎？」媽媽可以立即說：「我不會，請幫幫我」。

⑤此時爸爸就可以用彩色拼片或色紙，根據題目用特定顏色的紙剪出特定形狀，並且詢問參賽者：「我們可能無法堆出這個形狀，那可以用色紙拼拼看嗎？」如果孩子同意，媽媽則可以接著完成該題目，並且說：「這樣好像也可以！你看和題目是一樣的，我們也算過關了，謝謝幫忙！」

⑥接下來換孩子當出題者，此時爸媽可以示範自己遇到困難、有一些情緒、提出求救訊號、嘗試解決問題……等等的狀況，讓孩子累積學習求救以及面對困難的情緒力。

0~3歲幼兒情緒力家庭遊戲

- 遊戲名稱：**特製情緒冷靜瓶**
- 遊戲時間：**30—40分鐘**
- 遊戲材料：**寶特瓶、膠水或透明髮膠、膠帶、亮粉（亮片）、彈珠或任何家中可以找到的小裝飾品（要注意，不要用孩子很寶貝的東西，以免他一直想拿出來。）**
- 遊戲目的：**透過與孩子一同製作情緒冷靜瓶，建立與孩子一同創作的愉快經驗，同時完成的作品（冷靜瓶），也能夠讓他在觀察的過程中學習慢慢冷靜，調節自我情緒。**

遊戲引導：

① 把膠水或透明髮膠倒進寶特瓶約一半的高度。

② 引導孩子把小裝飾品放或塞進寶特瓶裡，過程當中提醒孩子「一次一個」，一開始可以不用裝太多，五個小飾品就夠了。

③ 再用膠水或透明髮膠裝滿寶特瓶，鎖上瓶蓋，在瓶蓋周圍用膠帶纏繞起來，目的是要避免在玩的過程中不小心轉開瓶蓋而漏出來。

④ 帶著孩子一起觀察瓶子裡小飾品的流動，可以左右或上下搖晃幾下，再靜止不動，靜靜地觀察瓶中的變化。

⑤ 爸媽可以在孩子遊玩和觀察的過程中適時加入一點旁白，像是：「哇！經過狂風暴雨之後，慢慢地……慢慢地……所有東西都慢慢地停、下、來、了。」目的是讓孩子去感受視覺加上聽覺的轉變，也就是調節的過程。

冷靜瓶的製作可以有很多種變化，爸媽可以和孩子一起實驗看看，如果裡面的液體換成水，那麼跟膠水和髮膠在流速上會有什麼不同呢？也可以試試看不要把液體裝滿或者是加入更多裝飾品（亮粉的效果很好，推薦試試看）。不一樣的冷靜瓶對孩子的效果也都不同，但對孩子來說這是他們和爸媽一起創作出來的，也能夠提升他們的自信心呢！

0~3歲幼兒情緒力家庭遊戲

- **遊戲名稱：觸感娃娃 DIY**
- **遊戲時間：15 分鐘**
- **遊戲材料：乾淨的襪子、豆類或米、棉花、橡皮筋或針線**
- **遊戲目的：透過讓孩子參與娃娃的製作過程，提升孩子的自信心，完成的作品更能夠陪伴孩子調節他的情緒。**

遊戲引導：

① 先向孩子介紹今天會用到的三種材料，包含了襪子、豆類或米、棉花，並且都先讓孩子觀察與認識，看一看是否能發現什麼？摸一摸並感受觸感為何？爸媽先示範把豆子拿起來用眼睛仔細看看、拿近聞一聞、用手摸一下，並試著用孩子能夠理解的動作和話語，表達出你的每一種感受。

② 在對材料都比較熟悉了之後，請孩子把棉花、豆類或米塞進襪子裡（當然爸媽也可以先示範），然後由爸媽幫忙把襪子口拉開，請孩子把填充物放進去。這個步驟對孩子來說如果比較困難，也可以角色互換，請孩子幫忙把襪子拉開，由爸媽來塞填充物，重點是隨時依照孩子的狀況做調整。

③把襪子塞得鼓鼓的之後，用橡皮筋或者針線封口，封口處可以保留原始的樣子，或者用剪刀把封口以外的地方剪成一條一條的像是頭髮，又或者把開口往下翻，做成像帽子的樣子也可以。

④這樣填充娃娃就算是完成囉！爸媽可以再視孩子的需求，用彩色筆或簽字筆幫娃娃加上五官，若孩子年紀比較小也可以什麼都不畫，這樣他們就算抱著睡覺或放到嘴裡也比較不擔心顏色沾染的問題。

⑤最後爸媽可以陪著孩子一起感受娃娃的觸感，捏捏它、搓搓它、有聲音嗎？又是什麼樣的感覺呢？

這是一個偏向觸覺的遊戲，通常年紀越小的孩子，對於觸覺的回饋要比其它感覺來得敏感，也更能夠安撫孩子的情緒。爸媽可以留意自己的寶貝，平常是否喜歡與你有身體上的接觸，或者是也喜歡撫摸娃娃，如果是，那這個遊戲將會很適合你的寶貝。另外有的孩子是偏向聽覺型，那我們也可以把主要素材襪子換成小罐子（寶特瓶或者養樂多罐），同樣使用填充物、膠帶或紙張封口，製作成小樂器，並在完成後和孩子一起聽聽這個小樂器所發出的聲音。

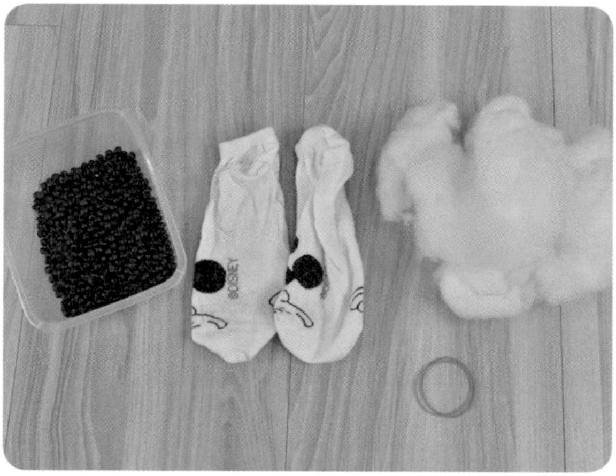

0～3歲幼兒情緒力家庭遊戲

- 遊戲名稱：情緒紙袋表情包
- 遊戲時間：30—40分鐘
- 遊戲材料：各式購物紙袋、彩色筆、彩色膠帶
- 遊戲目的：透過紙袋表情包的製作，讓孩子觀察各種情緒的表情，並且把它畫下來。在遊戲過程中鼓勵孩子發揮觀察力，藉以了解自己的情緒變化可能產生的具體形象，包含五官表情、臉部肌肉……等，和孩子一起學習情緒與成長。

遊戲引導：

① 收集各種紙袋並與孩子一起討論，哪種類型的紙袋適合製作溫和情緒？哪類型的紙袋適合較為激烈的情緒？哪些材質的紙類適合悲傷呢？除了認識各種紙袋外，也可以帶著孩子一起分類，例如：購物的紙袋、寄信的牛皮紙袋、食物的紙袋……等。

② 定義情緒與五官表情的連結，並且把五官表情畫下來。此時爸媽帶領孩子討論情緒的分類，讓孩子了解多種不同形式的情緒，有開心的、擔心的、膽怯的感受、期待的感受……等，並且把情緒和紙袋的材質或類型配對一起。

③ 把五官表情畫在紙袋上，並且將紙袋所代表的情緒定義下來。這步驟需要爸爸媽媽引導

孩子發揮觀察力，想想當我們感受到害怕時，五官會有如何的變化？臉部肌肉是緊縮的？將各種情緒表情先畫下來。

④ 完成紙袋表情包之後，可以排列在一起和孩子討論各種有趣的表情以及所代表的情緒，並且和孩子約定，未來如果自己有情緒說不出口，可以找紙袋表情包來幫忙傳達感受。

⑤ 紙袋表情包除了可以當作孩子在無法與家長表達情緒時的傳聲筒之外，爸爸媽媽也可以在親子故事時間，加入表情包來增加說故事的樂趣。當然，也可以和孩子一起創作有趣的情緒故事。

0～3歲幼兒互動力家庭遊戲

- 遊戲名稱：**辨別對錯，我是小高手**
- 遊戲時間：**20—30分鐘**
- 遊戲材料：**西卡紙、膠帶、冰棒棍、積分卡、點點貼紙**
- 遊戲目的：**爸媽自己設定各種不同的人際互動情境（可以以幼兒園團體情境為主題），帶領孩子認識「正確與不正確」的觀念，並藉由舉圈叉牌，培養孩子觀察與互動能力，也在家長協助下，累積孩子的互動經驗。**

遊戲引導（以3歲幼兒為例）：

① 爸媽可以先收集在幼兒園環境中，孩子最有可能遇到的人際互動情境以及狀況問題，並且和孩子一起製作情境圖卡。

② 讓孩子用西卡紙製作圈圈和叉叉的牌子，再用膠帶貼上冰棒棍。

③ 和孩子一起製作積分卡以及制訂得到點點貼紙的積分規則。

④ 開始遊戲時由爸媽其中一人先當裁判，參賽者各分配一組舉牌及一張積分卡，裁判決定參賽者是否答對並給予點點貼紙當作獎勵。裁判先抽出題目情境卡並且解釋圖畫，由參賽者判斷並舉牌回答對錯。例如：「今天小花穿了一件很漂亮的裙子，上面還有大大的

蝴蝶結，我很好奇就伸手摸了她的裙子、拉了她的蝴蝶結。請問，這樣是對的行為嗎？請舉牌。」

⑤ 在參賽者答題完成並獲得獎勵貼紙之後，裁判則可以再繼續提問：「請問要怎樣做才是有禮貌的呢？」鼓勵孩子針對其行為提出自己認為正確的互動方式。

⑥ 孩子每答對一個問題都可以再獲得一張貼紙，以此方式進行數題，並與孩子互換角色，藉以培養孩子敏銳的觀察力與互動力。

0~3歲幼兒互動力家庭遊戲

- **遊戲名稱：紙箱躲貓貓**
- **遊戲時間：20分鐘**
- **遊戲材料：可容納得下孩子的紙箱、簽字筆、美工刀、膠帶、毯子、坐墊**
- **遊戲目的：利用孩子喜歡鑽進紙箱的特性，設計出可以玩躲貓貓的紙箱，提升孩子的遊戲互動能力。**

遊戲引導：

① 請爸媽先收集合適的紙箱（例如：尿布紙箱），把紙箱的上下開口打開，呈現出隧道的樣子，用簽字筆在紙箱外做記號，畫出幾個大大小小的窗戶，再用美工刀割出窗戶（可以把整個輪廓割除變成鏤空窗戶，或者只割三邊成為可開關的活動窗戶），最後用手檢查一下是否有需要用膠帶包起來避免割傷的地方。

② 把設計好的紙箱隨意放在孩子的遊戲區或家中客廳，接著觀察孩子的反應。通常孩子應該都會很自發地鑽進紙箱裡探索，若孩子的個性比較小心，也可以把他熟悉的坐墊或是小毯子放進紙箱裡，佈置成溫暖的小房間（有的孩子真的會把紙箱當成自己的房間，擺放許多喜歡的物品）。

③ 當孩子鑽進紙箱之後，爸媽可以先在紙箱外面假裝敲門：「叩叩叩，＿＿在家嗎？」然後等候孩子的回應，若孩子沒有回應，爸媽可以開始從不同的窗戶往裡頭瞧瞧，做出正在尋找孩子的動作和聲音：「＿＿，你在這裡嗎？」

④ 若是孩子有回應了，爸媽就可以開始跟他玩躲貓貓的遊戲囉！一開始可以先用一隻手或手指頭，從某一個窗戶伸進去和孩子打招呼，再來請孩子猜猜下次會從哪一個地方出現呢？可以跟孩子說：「你找得到我嗎？」引導孩子主動尋找，發現時可以拍一下或拉一下爸媽的手。

⑤ 在爸媽和孩子的位置不變的情況下，也可以和孩子交換角色，換孩子在紙箱裡伸出小手，然後爸媽試著找出來。孩子也可以在幾秒之後抽手，增加遊戲的趣味性。

因為這個遊戲需要至少兩個人才能玩，因此在遊戲的過程中可以提升孩子的互動性。有的孩子很有創意，能夠想到其他玩法，像是把自己的玩具們都搬進紙箱，然後再從窗戶遞給爸媽。其實只要在不影響安全的情況下，爸媽不妨都讓孩子試試看，在提升他們互動力的同時也鼓勵他們發揮創意，建立自信心。

0～3歲幼兒互動力家庭遊戲

- 遊戲名稱：**神奇的小被被**
- 遊戲時間：**20 分鐘**
- 遊戲材料：**攤開面積要比孩子大的小被子或小毯子**
- 遊戲目的：**透過孩子都喜歡的搖搖床遊戲，提升孩子與人（爸媽）之間的互動品質。**

遊戲引導：

①遊戲暖身：準備一條孩子熟悉的小被子或小毯子，爸媽把小被子蓋在自己頭上，發出聲音引誘孩子去找：「咦？爸爸呢？爸爸不見了？」當孩子把爸爸頭上的小被子拉下來或掀開的時候，要用很驚訝的表情和聲音說：「哇！被你發現了！」重複這樣的遊戲過程數次之後，再進行下一個階段。

②把小被子攤開來放在地上或床上，邀請孩子躺在小被子上，像捲壽司那樣，用小被子把孩子的身體捲起來。不過如果孩子一開始感到不確定或有遲疑，爸媽可以先躺下來示範一次，或直接邀請孩子一起躺下來，做一個比較大的雙人捲壽司。

③前面兩個步驟孩子應該都會滿喜歡的，接下來我們就要進階到需要更多互動能力的遊戲內容了。讓孩子自己躺在小被子上，由爸媽其中一人抓住被子的其中一角或兩角，像拖

很重的貨物那樣拖著孩子移動。同時注意他們的反應，有的孩子一開始可能會有點害怕，這時候爸媽就可以輕聲地哼歌，搭配拖動的節奏：「一閃、一閃、亮晶晶……」，然後隨著孩子適應的程度再慢慢調整快慢。

④ 爸媽可以開始讓孩子發號司令來變化速度，爸媽一邊拖著小被子、一邊問孩子：「你想要慢一點？還是快一點呢？」（搭配或快或慢的說話速度）請孩子看著你回答：「快快的」或者「慢慢的」，再根據孩子的回答調整速度，這個時候要不要哼歌都可以。

⑤ 如果爸媽兩個人都可以一起加入遊戲，還有更棒的玩法！同樣地先請孩子躺在小被子上面，由爸媽兩人面對面站在小被子的兩邊，像要把被子對折起來似的，兩人兩手抓著左右兩個角往上提，這個時候孩子會被提起來，當然也要留意孩子會不會太過緊張或害怕，慢慢調整速度，開始輕輕地像吊床一樣左右搖晃，邊搖晃邊唱：「搖啊搖，

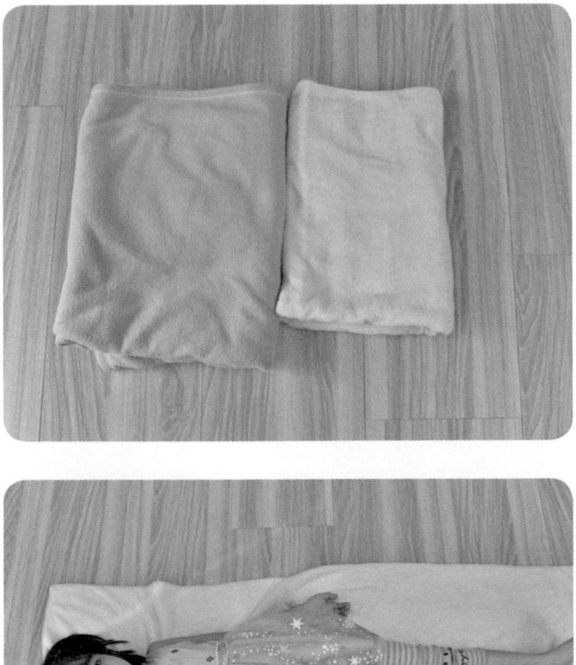

搖啊搖，搖到外婆橋……」或者唱些孩子熟悉的歌曲。唱完一次之後，輕輕地把被子放下，讓孩子回到地面。通常孩子會很想要再玩一次，爸媽可以在這個時候引導孩子看著爸媽的臉說：「再一次」或者「還要」，接收到指令的爸媽就像遊樂設施一樣再次啟動。

一般情況下，孩子們都超喜歡這個遊戲。唯一的問題是爸媽經常反應孩子玩到停不下來，這時候爸媽可以試試看幾種方式來結束遊戲。像是「預告」，告訴孩子再玩五次就要結束了，被子要回去床上休息了，然後接下來的每一次遊戲都要倒數：「還剩＿＿次喔！」或者是加入一點情節：「小被子一大早出門去工作，他的工作是跟小朋友玩搖搖床的遊戲，然後幫小朋友蓋被被睡覺了。」最後遊戲結束在蓋上被子睡覺覺。

除了試著結束遊戲，或許爸媽也可以評估看看，是不是也能夠再多陪孩子玩一下，這也可以提升彼此之間的親子關係喔！

0～3歲幼兒互動力家庭遊戲

- 遊戲名稱：**配對故事拼圖，學互動**
- 遊戲時間：**40－50 分鐘**
- 遊戲材料：**圖畫紙、彩色筆、剪刀、照片或圖片**
- 遊戲目的：**透過配對生活中的人際互動場景，讓孩子思考如何應對與互動，才能將拼圖拼成一個完整的小故事。也藉此了解孩子在實際與人互動過程中，有可能出現的行為，增加互動經驗累積。**

遊戲引導（以 3 歲幼兒為例）：

① 收集孩子在各種人際場合中的照片，也可以在雜誌上剪下與其相關人際互動場合，作為拼圖的 1／3 片。

② 將圖畫紙剪成長條形，每一長條再剪成為三份。可以和孩子討論剪開的樣式要哪一種？用鋸齒狀的方式剪開？或是用波浪的樣子？當然也可以直接一刀剪開，討論好後先把想要的樣子畫上去，再讓孩子自己操作剪刀試試看。

③ 將收集到的照片分別先貼在拼圖的其中 1／3，另外兩格先留下空白。完成之後，開始我們的拼圖故事創作活動。

④製作拼圖的另外2／3，可以由家長先示範，例如：第一格是小朋友在公園玩球、第二格是小朋友的球掉進水池中，爸爸媽媽可以先畫下來。第三格要怎樣發展呢？家長可先想一個結局（應對方法）和孩子討論，如果大家都同意，就把最後第三格畫下來，成為一個小故事。

⑤接下來的故事可以依據收集的照片圖片進行製作，當然，我們也可以自己創作故事，和孩子一起規劃故事的開頭、過程、結局，探討如何的互動方式是大家都接受的？如果遇到問題可以如何解決？

PASSPORT
STOP

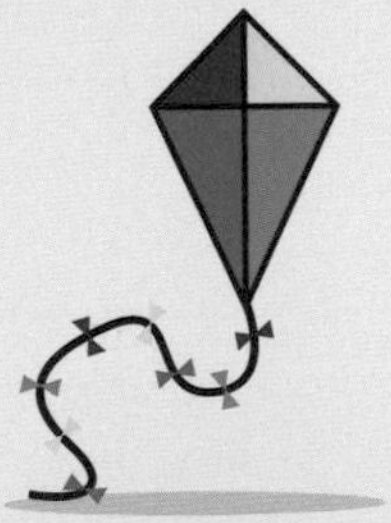

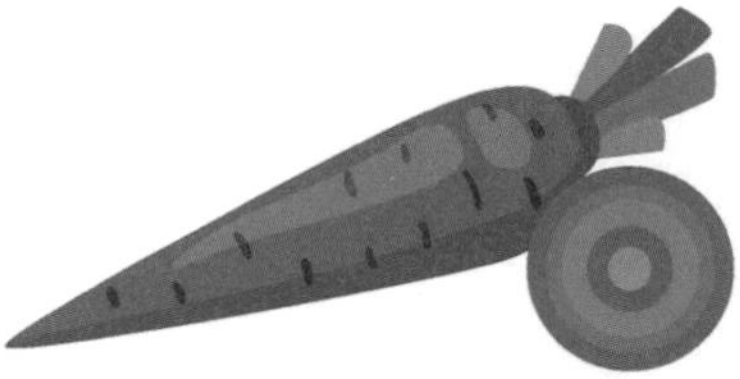

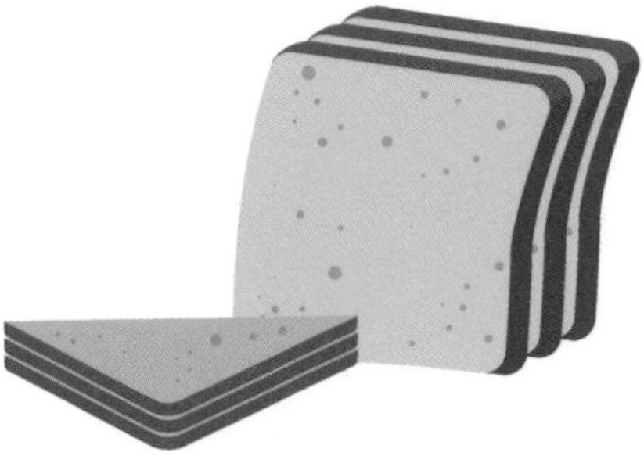

MILK
3%

C
B
A

$1
Printable Money
0011111
$1
One Dollar
0011111
Printable Money

$5
Printable Money
0011115
$5
Five Dollars
0011115
Printable Money

$10
Printable Money
0011122
$10
Ten Dollars
0011122
Printable Money

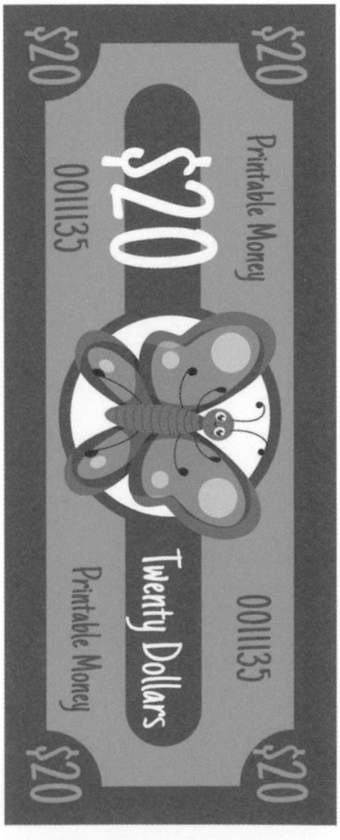
$20
Printable Money
0011135
$20
Twenty Dollars
0011135
Printable Money

$50
Printable Money
0011156
$50
Fifty Dollars
0011156
Printable Money

$100
Printable Money
0011178
$100
One Hundred Dollars
0011178
Printable Money

$1
$1
Printable Money
0011111
$1
One Dollar
0011111
Printable Money
$1
$1

$5
$5
Printable Money
0011115
$5
Five Dollars
0011115
Printable Money
$5
$5

$10
$10
Printable Money
0011122
$10
Ten Dollars
0011122
Printable Money
$10
$10

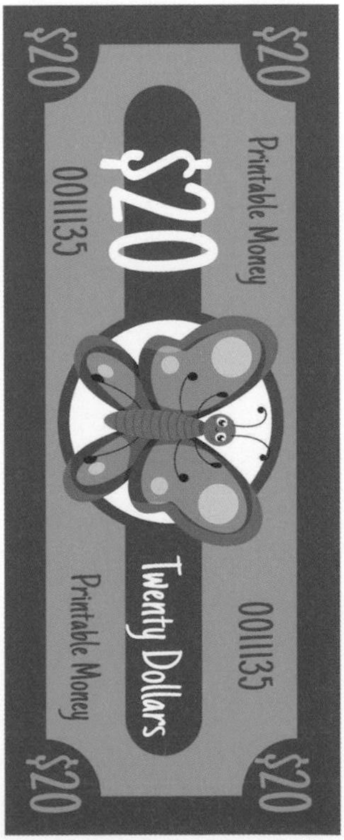
$20
$20
Printable Money
0011135
$20
Twenty Dollars
0011135
Printable Money
$20
$20

$50
$50
Printable Money
0011156
$50
Fifty Dollars
0011156
Printable Money
$50
$50

$100
$100
Printable Money
0011178
$100
One Hundred Dollars
0011178
Printable Money
$100
$100

藉用遊戲力，輕鬆突破0—3歲育兒撞牆期

——透過情境與遊戲練習，培養出好帶、不失控的寶貝

出版發行

橙實文化有限公司 CHENG SHI Publishing Co., Ltd

粉絲團 https://www.facebook.com/OrangeStylish/

MAIL: orangestylish@gmail.com

作　　者　柯佩岑　林婉婷

總 編 輯　于筱芬　CAROL YU, Editor-in-Chief

副總編輯　謝穎昇　EASON HSIEH, Deputy Editor-in-Chief

業務經理　陳順龍　SHUNLONG CHEN, Sales Manager

媒體行銷　張佳懿　KAYLIN CHANG, Social Media Marketing

美術設計　楊雅屏　Yang Yaping

攝　　影　陳順龍　SHUNLONG CHEN

製版／印刷／裝訂　皇甫彩藝印刷股份有限公司

編輯中心

ADD／桃園市大園區領航北路四段382-5號2樓

2F., No.382-5, Sec. 4, Linghang N. Rd., Dayuan Dist., Taoyuan City 337, Taiwan (R.O.C.)

TEL／（886）3-381-1618　FAX／（886）3-381-1620

經銷商

聯合發行股份有限公司

ADD／新北市新店區寶橋路235巷弄6弄6號2樓

TEL／（886）2-2917-8022　FAX／（886）2-2915-8614

初版日期 2023年8月